山东水稻肥料减施增效理论与实践

信彩云 等 著

中国农业科学技术出版社

图书在版编目（CIP）数据

山东水稻肥料减施增效理论与实践 / 信彩云等著 . -- 北京：中国农业科学技术出版社，2023.11
ISBN 978-7-5116-6495-2

Ⅰ . ①山… Ⅱ . ①信… Ⅲ . ①水稻－施肥－山东 Ⅳ . ① S511.062

中国国家版本馆 CIP 数据核字（2023）第 210009 号

责任编辑 李 华
责任校对 李向荣
责任印制 姜义伟 王思文

出 版 者 中国农业科学技术出版社
北京市中关村南大街 12 号 邮编：100081
电 话 （010）82109708（编辑室）（010）82109702（发行部）
（010）82109709（读者服务部）
网 址 https://castp.caas.cn
经 销 者 各地新华书店
印 刷 者 北京建宏印刷有限公司
开 本 170 mm × 240 mm 1/16
印 张 6.5
字 数 120 千字
版 次 2023 年 11 月第 1 版 2023 年 11 月第 1 次印刷
定 价 65.00 元

著者名单

主　著：信彩云（山东省农业科学院湿地农业与生态研究所/
山东省水稻研究所）

副主著：马　惠（山东省农业科学院湿地农业与生态研究所/
山东省水稻研究所）

李　浩（山东省农业科学院经济作物研究所/
山东棉花研究中心）

参　著：李华伟（山东省农业科学院作物研究所）

李襄良（山东种业集团有限公司）

李延坤（山东省种子管理总站）

韩凤英（山东省农业工程学院）

李向海（山东万豪肥业有限公司）

赵　帅（山东省农业科学院作物研究所）

前　言

肥料是作物的粮食，科学合理施用肥料是农业生产活动中最重要的内容。随着现代农业的发展，肥料在农业增产和增收中的作用越来越重要。目前我国农业生产中养分投入不平衡、比例失调及盲目施肥的现象时有发生，加上科学研究和技术推广的滞后，导致农作物产量和品质降低、施肥效率下降，大量氮、磷流失，进而导致农业面源污染加剧，部分地区生态环境恶化，严重制约着农业生产的可持续发展。

山东省气候属暖温带季风气候类型。降水集中，雨热同季，春秋短暂，冬夏较长，光照资源充足，热量条件可满足农作物一年两作的需要。山东农业种植面积占全省面积的53.82%，湖泊面积占全省面积的0.87%，黄河山东段长628km，占黄河总长度的11.5%，从东明县入境，流经山东多个地市，在垦利区注入渤海。山东省的生态自然资源条件适宜水稻生产，种植以粳稻为主，是水稻南北产区的生态过渡区，尤其是在山东湖洼地带、沿黄（河）地区和滨海盐碱区域，水稻是一种生态适宜作物，具有其他作物无法替代的优势。

山东省是我国水稻种植的优质高效产区，水稻在山东省属于高产高效的特色粮食作物，单产高于全国平均单产，在各省的水稻单产排名中稳居前列。山东的大米品质优良，历史悠久，加之特定的生产环境和栽培管理方式及丰富的人文历史，是国家农产品地理标志产品的集中地区。2010年以来审获农产品地理标志登记保护的产品有：明水香稻、黄河口大米、涛雒大米、姜湖贡米、东阿鱼山大米、鱼台大米、涛沟桥大米等。

目前山东省的水稻生产与发达地区相比，仍然存在巨大的差距。发达地区的水稻生产基本实现了农业机械智能化和生产管理的精准化，山东稻米生产的机械化生产和精准化生产的发展水平还有待提高。因此，山东水稻的科学研究和技术推广有待进一步提升。

本书编写的目的主要是作为一份交流材料，请读者和专家指导，以便取其精华，去其糟粕，找准方向，继续前行。全书共分为三章，分别为水稻生长发育与施肥概述、山东水稻营养生理生态与高效施肥的研究、山东稻区栽培方式与技术。本书的主要内容为前期相关研究成果的阶段性整理和总结，前期开展试验的过程中得到了单位领导的大力支持和团队成员的鼎力协助，谨此一并表示感谢。

由于著者水平有限，再加上时间、人力以及资料等的限制，书中错误和不妥之处难免，恳请读者批评指正，随时交流沟通，以便今后补充修正。

著　者

2023 年 9 月

目 录

第一章　水稻生长发育与施肥概述

第一节　水稻营养生理特征与需肥规律

一、水稻生长发育概况

（一）水稻生育周期

水稻的一生在栽培学上是指从种子萌发开始到新种子成熟为止。整个生育周期可以分为营养生长期和生殖生长期（包括营养生长和生殖生长并进期）。水稻的生育周期如图 1–1 所示。

<table>
<tr><td colspan="4">营养生长期</td><td colspan="3">营养生长和生殖生长并进期</td><td colspan="3">生殖生长期</td></tr>
<tr><td>幼苗期</td><td colspan="3">分蘖期</td><td colspan="3">幼穗发育期</td><td colspan="3">开花结实期</td></tr>
<tr><td>秧田期</td><td>返青期</td><td>有效分蘖期</td><td>无效分蘖期</td><td>分化期</td><td>形成期</td><td>完成期</td><td>乳熟期</td><td>蜡熟期</td><td>完熟期</td></tr>
<tr><td rowspan="3">营养物质积累阶段</td><td colspan="3" rowspan="3">穗数决定和粒数奠定阶段</td><td colspan="3">穗数巩固阶段</td><td colspan="3" rowspan="3">粒重决定阶段</td></tr>
<tr><td colspan="3">粒数决定阶段</td></tr>
<tr><td colspan="3">粒重奠定阶段</td></tr>
</table>

图 1–1　水稻生育周期示意图

营养生长期可分为幼苗期和分蘖期（返青期、有效分蘖期、无效分蘖期）。

（1）幼苗期。从稻种萌发开始至 3 叶期。1 叶 1 心期时胚乳内储存的氮会用完，此时称为氮断奶期。3 叶期时胚乳内储存的淀粉用完，秧苗从异养转为自养，这是重要的生理转折期，也称为糖断奶期。第 3 叶长到近

1/2 时，秧苗 + 剩余谷粒总干重 > 原种子干重，此时也称为超重期。

（2）分蘖期。从 4 叶长出开始萌发分蘖直到拔节为止，分蘖期的生长状况决定了后期穗数的同时也奠定了稻穗的粒数。

（3）返青期。秧苗移栽后，由于根系损伤，会存在一段地上部生长停滞和萌发新根的过程，约需 7d 才能够恢复生长，这段时间也称为缓苗期。

（4）有效分蘖期。一般认为水稻在进入拔节期时具有 4 片叶的分蘖为有效分蘖，而有效分蘖临界期为品种主茎的总叶片数减去地上总伸长节间数的叶龄期，即 N 为主茎总叶片数，n 为伸长节间数，如水稻若有 18 片叶，伸长节间数为 5 个，则 18–5=13，即主茎第 13 片叶展开前后为有效分蘖期。

（5）无效分蘖期。水稻进入拔节期前后所形成的分蘖，叶片数≤ 2 叶 1 心的分蘖为无效分蘖。

按照叶根同伸关系，分蘖长到第 3 叶时，才从分蘖鞘节长次生根。3 叶前的分蘖主要靠主茎供应养分，4 叶及以上分蘖才能独立生活。水稻拔节后一般不再给分蘖提供养分。因此，拔节时 3 叶以下分蘖将相继死亡，成为无效分蘖；3 叶分蘖部分死亡，成为动摇分蘖；4 叶及以上分蘖才可能成为有效分蘖。

水稻营养生长期的主要特点是根系生长（即下层根的生长），分蘖增多，叶片增多。建立一定的营养器官，为长穗期穗粒的生长发育提供有效的物质基础。

生殖生长期是指结实器官的生长，包括稻穗的分化形成和开花结实，分为长穗期和结实期。其中从稻穗分化到抽穗是营养生长和生殖生长的并进时期，抽穗后基本上是生殖生长期。长穗期是指水稻分蘖期至生育转换初期到水稻拔节孕穗期末、抽穗开花前的这一时间段。其中包括第一苞原基分化期，一、二次枝梗分化期，颖花分化期，花粉母细胞减数分裂期，花粉母细胞充实完成期。这一生长周期为 30d 左右，生产上也常称拔节长穗期。水稻结实期分为抽穗扬花期和灌浆充实期，其中，抽穗扬花是指水稻从顶部茎鞘抽出到开花齐穗这一时间段，一般 5 ～ 7d。水稻灌浆期是指水稻开花齐穗后到籽粒成熟时段，此时段又分为乳熟期、蜡熟期、完熟期，一般 30d 左右。水稻是一边抽穗一边开花的作物，抽穗当日就开花。由于开花的先后次序不同，也就形成了强势花、弱势花。

水稻生殖生长期的生育特点是长茎长穗、开花、结实、形成和充实籽粒，这是水稻夺取高产的主要阶段。在栽培上重视水、肥、气的协调管理，以延长根系活力和叶片的功能期，提高物质积累转化率，达到穗足、穗大、粒多、粒饱的目的。

（二）栽培稻的演变与类型

栽培稻种属禾本科（Gramineae）稻属（*Oryza*）植物，目前全球稻属的下级分类有 6 个（表 1–1），植物约 24 种。稻属植物起源于南半球 1.3 亿年前的冈瓦纳古陆，随着古大陆的分裂而广泛分布到湿润的热带非洲、南美、东亚、东南亚和大洋洲。野生稻有 3 种，即普通野生稻、药用野生稻和疣粒野生稻。其中普通野生稻的分布是最广泛的，一些特征与我国栽培的籼稻相近，是我国栽培稻种的祖先。

表 1–1　稻属的下级分类

中文名	学名	命名者及年代
光稃稻	*Oryza glaberrima* Stend.	Stend.，1854
疣粒稻	*Oryza meyeriana*（Zoll. & Moritzi）Baill.	（Zoll.& Moritzi）Baill.，1894
阔叶稻	*Oryza latifolia* Desv.	Desv.，1813
药用稻	*Oryza officinalis* Wall. ex Watt	Wall. ex Watt，1891
野生稻	*Oryza rufipogon* Griff.	Griff.，1851
稻	*Oryza sativa* L.	L.，1753

栽培稻种有两种，即非洲稻（光稃稻）和亚洲稻（普通栽培稻）。考古学家认为最早的非洲栽培稻起源于非洲西部的尼日利亚，目前，非洲栽培稻仅在西非种植，丰产性差，耐瘠，且逐渐被取代。学术界认为亚洲栽培稻起源于中国和印度，考古工作者在两地均发现了早期人工栽培水稻的痕迹。亚洲栽培稻分布于世界各地，占栽培稻面积的 99% 以上。

在漫长的驯化过程中，水稻受到自然选择和人为选择的双重压力，发生了适应人类需求的一系列农艺性状和生理特性的变化。可以说，水稻的演化史就是人类驯化水稻的历史。在向不同纬度不同海拔的传播过程中，形成了适应各种气候环境、丰富多样的栽培稻种，反过来又加速了水稻的传播和多样化。我国的栽培稻种可分为籼稻（基本型）和粳稻（变异型）两个亚种，每个亚种各分为晚稻（基本型）和早、中稻（变异型）两个群，每个群又分为水稻（基本型）和陆稻（变异型）两个型，每个型根据直链淀粉的多少分为黏稻和糯稻两个变种（图 1–2）。

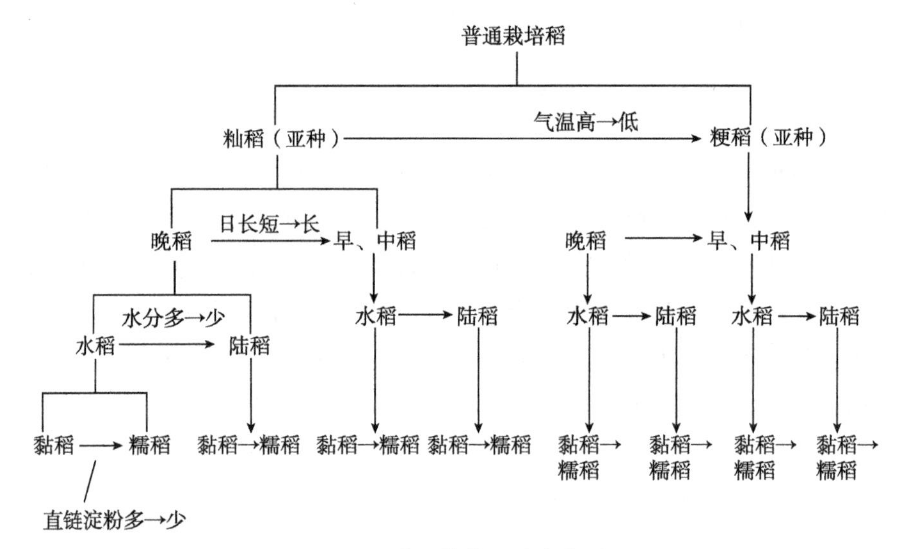

图 1–2　普通栽培稻演变类型

二、水稻施肥的基本理论

（一）施肥的营养元素

作物进行正常的生长发育都必须吸收一定的营养元素，缺失这些相关的营养元素，作物的正常生长发育会受到阻碍，甚至死亡。从与作物正常生长发育的相关性来看，营养元素大致分为三大类。

一是必需元素也称为基本元素，由于农业生产中施用氮、磷、钾的增产效果显著，所以，一般把氮、磷、钾称为肥料的三要素。此外，水稻是喜硅作物，所以，对于水稻来说，氮、磷、钾、硅是四大必需营养元素。中量营养元素有 3 种，即钙、镁、硫；微量元素有 8 种，即铁、硼、锰、铜、锌、钼、氯和镍。

二是有益元素，指一些对植物生长有促进作用或部分可以代替基本营养元素的矿质营养元素，如钴、钠、硒、硅、钡、钛等。

三是有害元素，比如一些重金属元素，如镉、银、汞、铅、钨、锗、铝等。重金属元素的生物有效性主要取决于其化学形态，例如进入稻田系统中的镉通过吸附、沉淀、络合等反应后，分别以自由离子态，可溶和不溶的无机和有机结合态，铁、铝和锰氧化物结合态及残渣态等形态存在于土壤中。大量研究表明，土壤中水溶态和交换态的镉更容易被植物吸收利用，而残渣态镉则难以被植物吸收转运。由于土壤淹水、频繁农业活动的作用以及水稻对镉易富集等特点而具有较强的迁移转化特性，镉的过量吸收不仅会影响水稻的正常生长，也影响水稻生理生化特性，如使水稻种子萌发受阻，水稻发芽指数、活力指数、根长等明显下降，且植物细胞中 DNA 和 RNA 的活性降低，细胞分裂过程受阻等，且最终会导致稻米籽粒中镉的含量超标而给人体健康带来危害。

（二）施肥的基本理论

1840 年德国的化学家李比希提出了著名的“矿质营养理论”，也就是现在的“养分归还学说”，是指植物以不同方式从土壤中吸收矿质养分，使土壤养分逐渐减少，连续种植会使土壤贫瘠，为了保持土壤肥力，就必须把植物带走的矿质养分和氮素以施肥的方式归还给土壤。否则，土壤养分会越来越少，地力就会一直呈现下降的趋势。

最小养分律是指作物为了生长发育需要吸收各种养分，但是决定作物产量的却是土壤中那个相对含量最小的有效作物生长因素，产量也在一定限度内随着这个因素的增减而相对变化，即使继续增加其他养分也很难再提高作物产量。其中，最小养分不是指土壤中绝对含量最小的养分，而是根据作物对养分的需求而言，土壤中相对含量最小的那个养分。并且，这个最小养分是作物产量的限制因素，只有补充这种养分才能提高产量，如果不补充这种最小养分，即使其他养分再多也不能提高作物产量，只会造成养分的浪费。另外，最小养分不是固定不变的，会随作物产量和施肥水平等条件的改变而变化。

18 世纪后期，法国经济学家杜尔格在对大量科学试验进行归纳总结的基础上，提出了报酬递减律。报酬递减律是增加某种养分因素的单位量所引起的产量增加，与充分供给该养分因素时的最高产量和现在产量之差成比例的法则。其基本内容为：作物产量的增加同肥料投入相比，在肥料投入未达到最大临界的量之前，作物产量是随着肥料投入的增加而增加的，但是若超过这个最大量，就会产生相反的结果，即不断减少。

作物在生长发育过程中，在某一段时间内，如果缺少某种养分，即使以后再供应充足，也不能弥补由于前期缺失造成的损失，这一时期称为这一养分的营养临界期。同一作物的不同养分的临界期是不一样的，大多数作物磷素的养分临界期是在幼苗期，水稻这种小粒种子的养分临界期尤其明显，在幼苗期种子中储存的磷素已用完，但是此时作物根系较小，吸收能力较弱，且土壤中有效磷含量不高，移动性差。氮素的养分临界期比磷素稍后，通常是在营养生长转向生殖生长期间。

作物生长所需的营养元素，对作物的生长发育，都是同等重要的，相互之间不可替代，这种不管是大量元素还是中、微量元素，其作用都是同等重要，相互不可替代，也称为营养元素同等重要和不可替代律。

作物在生长过程中还有一段特殊的时期，此时作物对养分的需求较大，且吸收的养分对作物产量贡献也大、肥效高，这一时期称为作物营养的最大效率期。最大效率期一般在作物生长发育的中期，如水稻的开花抽穗期，一般会在这一时期提前进行追肥，以保证作物对养分的需求，提高肥料的利用率。

三、营养元素在水稻生长发育中的生理作用

（一）氮元素

水稻体内的氮素占干重的1%～4%，被称为“生命元素”，在水稻生命活动中发挥着重要作用。氮素是构成水稻生命物质最为重要的元素，是蛋白质和核酸的基本组成元素，氮是蛋白质的重要成分，细胞质、细胞核主要由蛋白质组成。水稻体内的酶、叶绿素、磷脂、植物激素、维生素等重要物质的构成也都离不开氮素，水稻缺氮时原生质无法形成，并且其合成和分解也都会受到影响。

水稻吸收的氮素主要是无机态氮，即铵态氮和硝态氮，水稻对硝态氮的吸收量较大，而对铵态氮的吸收量较小。稻根主要是通过谷氨酸和谷酰胺的合成途径将所吸收的铵态氮转变成有机氮化物。然后，通过这些化合物的进一步转化，氮素就会参加到蛋白质、核酸等许多重要有机物的结构中，水稻的根系在吸收硝态氮后会将其转变成有机氮化物，其中，NO_3^-需经硝酸还原酶等催化被还原成NH_3后才能转化到有机物中。水稻根系中的

硝酸还原酶，是由于环境硝态氮的存在而诱导根细胞形成的。环境中的温度、pH 值、含氧量对硝酸还原酶的形成影响极大。在大田生态环境中，生育后期的水稻对硝态氮利用较迅速，这是由于土壤中硝酸盐的诱导，水稻形成的硝酸还原酶较多且活性较强所致。

氮素在水稻植株内还可以循环利用，植株的生长点和新生叶是生命活动最旺盛的地方，缺氮时，老叶中的氮会转移到新生叶和生长点中去。所以，水稻缺氮时，植株的老叶片会最先衰老枯黄，水稻缺氮时，株形矮小，生长缓慢，分蘖减少，叶色呈浅绿或黄绿，症状从下向上扩展，一般先从老叶的尖端开始向叶中部均匀黄化，抽穗早且不整齐，穗短粒少，成熟提早，产量下降。当氮素供应过剩时，表现为茎叶徒长，叶色浓绿，俗称为“贪青”。因此，氮素过剩和不足对水稻的生产都会产生不利的影响。

（二）磷元素

水稻体内的磷含量（P_2O_5）占干重的 0.4% ～ 1%，磷素是水稻体内糖磷脂、核苷酸、核酸、磷脂和某些辅酶的重要组成元素之一，并以某些有机磷化合物的形式参加到细胞核、细胞质和细胞膜的结构中。因此，磷对细胞分裂、分化具有明显效应。磷多分布在蛋白质含量较多的新芽、根尖等生长点，并随生长中心的转移而转移，表现出明显的顶端优势。磷的再利用率高，作物前期吸收的磷占吸收总量的 60% ～ 70%，而后期主要依靠磷在体内的运转进行再利用，因此，磷肥一般是作为底肥早施。

水稻幼苗期缺磷会造成植株瘦小，生长速度减慢，新叶呈现暗绿色，老叶呈现灰紫色，磷对水稻分蘖的影响十分明显，会引起分蘖迟缓，分蘖数也会减少 40% 左右。严重缺磷时，叶片纵向卷曲，叶尖紫红色，挺立叶片的夹角小。磷过剩时作物的呼吸作用会增强，糖分大量消耗，不利于硅的吸收，易引起水稻的稻瘟病，同时过多的水溶性磷还会导致作物表现为缺锌、缺铁、缺镁等失绿症状。

（三）钾元素

水稻体内的钾含量为 2% ～ 5.5%，主要集中在植株最活跃的部分，如生长点、幼叶等。钾与氮、磷元素不同，它不参与水稻体内有机物的组成，几乎完全呈离子状态存在，部分在原生质中处于吸附状态。钾是许多酶的活化剂，以活化剂的形式影响水稻的生长和发育。钾作为酶活化剂，能够提高光合磷酸化的效率。钾还能改善稻米品质、促进成熟、增强抗病性。

水稻缺钾时，发病叶片上有褐色斑点，常称为赤枯病。一般刚开始缺钾时，表现为生长缓慢，植株矮小，很少分蘖，老叶褪黄，叶尖有烟尘状的褐色小点，进而会发展成褐斑，边缘分界明显，常以条状或块状分布在叶脉间，严重时褐斑连成片，整片叶子最终会发红枯死，并且以后每长出一片新叶，就会增加一片老叶的病变，严重时全株只留下少数新叶保持绿色。水稻属于喜钾作物，一般不会出现钾过剩。

（四）硅元素

德国化学家李比希是最早把硅列为与氮、磷、钾同等重要的植物必需营养元素的科学家。但是人为地不添加硅，植物也同样能进行正常的生长发育。因此，随后的 100 多年，人们关于硅是不是植物的必需营养元素一直争论不休。水稻体内硅酸的含量很高，约为氮的 10 倍，SiO_2 在水稻秸秆干物质的含量占比可达 20%，因此，水稻被认为是硅酸植物的代表作物。硅素能在水稻茎秆等器官中进行生物矿化，形成角质－硅双重结构，从而增强其强度以抵御倒伏和病虫害，并且有利于有机物质的输送。

需要注意的一点是，硅会加快氮肥的分解，抑制水稻对氮素的吸收，因此硅肥不能和氮肥同时施用。硅肥可以作为水稻的底肥和追肥，但不宜作为水稻的种肥使用。凡是产量大的水稻田、氮肥用量过大的水稻田以及酸性土壤水稻田、冷浸地水稻田，应当特别注意增施硅肥。还需要注意的一点是硅肥不需要年年施。

第二节　环境条件对水稻生长发育的影响

一、稻种萌发需要的适宜环境条件

种子萌发需要足够的水分、适宜的温度和充足的氧气。其中，当稻种的吸水量为本身风干重的 25% 时就会开始萌发，40% 时会正常发芽。要达到足够的种子含水量，浸种时间也因浸种温度不同而异。当水温在 30℃

时约需要35h，水温20℃时约需要60h，水温10℃时约需要70h，所以早、中稻浸种时由于气温、水温较低需浸种3d，迟播的中稻因气温水温升高浸种2d即可，晚稻的气温水温都高，浸种1～2d即可，期间需要注意勤换水。

发芽的最低温度为10℃（粳）、12℃（籼），最适温度为28～35℃，最高温度为40℃。高温破胸是需要将吸足水的种子放在35～38℃的温水中持续20h左右，即可破胸（露白），适温催根。当种子开始破胸，降到30℃左右进行催根。保温催芽是指当80%以上的胚根突破种皮时，将温度降至25℃左右并淋透水分进行催芽。当芽长达半粒谷，根长达1粒谷长时，即可摊凉冻芽，并保持湿润。此外，充足的氧气也是稻种萌发和幼苗生长的必要条件，尤其在浸种过程中需要勤换水，以保持足够的氧气。

二、土壤含盐量对稻种萌发的影响

种子的萌发和幼苗建成是水稻个体发育的重要阶段，而种子的萌发主要受内外环境因素的双重调控，其中内部因素包括种子的休眠、是否成熟、种皮的限制等；外部因素包括光、温、水、氧气和化学物质等，通常外部的环境胁迫是限制种子萌发的重要因素，盐害是其中重要的不利环境因素之一。盐对植物的胁迫主要体现在渗透胁迫和离子毒害两个方面，并且渗透胁迫起主要的抑制作用。对水稻种子来说，盐分对种子萌发起抑制作用，并且发芽率与盐分浓度呈显著负相关。幼苗建成对作物生产起着关键性作用，盐胁迫抑制植物根系生长，减少地上、地下部分干物质积累量，影响幼苗超氧化物歧化酶（SOD）、过氧化物酶（POD）、过氧化氢酶（CAT）活性，促进活性氧（ROS）产生，导致丙二醛（MDA）含量增加，破坏叶绿素合成，降低光合特性，从而制约农业生产。因此，盐胁迫对种子萌发的影响一直是抗逆研究所关注的重要课题。

当前国内外已有较多对耐盐水稻种质资源筛选鉴定的研究，其中，形态指标的鉴定大多参照两种方法，一种是国际水稻研究所提出的水稻耐盐碱标准生长评分法，该方法通过观察盐胁迫下水稻分蘖、叶尖和叶片症状及整个植株死亡程度，计算叶片死亡的百分比进而评价水稻的受害程度。另一种是我国在1982年提出的单茎（株）评定分级法，调查方法为目测，同样存在人为误差。目前，有关水稻耐盐碱的研究大多参考上述两种水稻耐盐碱鉴定评价体系。

可溶性糖是调节渗透胁迫的小分子物质，在植物对盐胁迫的适应性调节中，是增加渗透性溶质的重要组成成分。齐春艳等（2009）研究了盐碱胁迫条件下水稻耐碱突变体（ACR78）灌浆期的耐盐碱生理特性，并与野生型（农大 10 号）进行了比较分析，结果表明，在盐碱胁迫下，突变体内（除根部外）积累了较多的可溶性糖，其中穗部增加最明显，为突变体适应外界盐碱胁迫奠定了生理基础。

叶绿素是植物进行光合作用的物质基础，叶绿素含量与叶片光合作用密切相关，在一定范围内，增加叶绿素含量可以增强叶绿体对光能的吸收与转化，增强光合速率。研究结果表明，耐盐碱性差的水稻秧苗，在光合作用时受盐碱离子胁迫的影响较大，这些离子主要通过干扰气孔运动、减少 CO_2 摄入量来影响光合作用。有研究认为气孔关闭是水稻盐敏感品种在盐胁迫下光合能力下降的主要原因。盐碱胁迫通过阻碍植物的光合效率，减少光合产物的有效积累、运输和分配，影响生长发育及各种生理生化代谢活动的正常进行。

Na^+ 含量及 Na^+、K^+ 平衡是评估植物盐害和耐盐性的重要方面。水稻体内钠离子过量积累，将对微量元素和营养元素的利用产生强烈的拮抗作用，进而导致作物根部和地上部顶端分生组织的生长受阻，并影响细胞壁多糖的生物合成，从而影响细胞正常分裂和细胞伸长。同时，对叶绿素的合成产生影响，易导致作物叶片变成不正常的暗绿色，引起作物生理失调，正常代谢受阻，造成作物生长弱小、结实率降低、呼吸强度减弱，使正常生长发育受到阻碍，最终影响水稻农艺性状的表型。

三、水稻生长习性

水稻是喜温喜水、适应性强、生育期较短的禾谷类作物。幼苗萌发最适温度为 28 ～ 32℃，穗分化的最适温度为 30℃，低温会延长分枝和小穗的分化。适宜短日照、单叶饱和光照强度为 30 000 ～ 50 000lx，植株在整个生长季需水量 700 ～ 1 200mm，当土壤湿度低于田间持水量的 57% 时，水稻光合效率开始下降，当空气相对湿度维持在 50% ～ 60% 时，水稻叶片的光合作用最强。水稻对土壤、气候、海拔、地形等因素的适应性较强，作物分布从南到北跨越热带、亚热带、暖温带、中温带和寒温带 5 个温带。

在南方的山区、坡地以及北方缺水少雨的旱地，种植有相对较耐干旱的陆稻，还有少量完全依赖雨水天气的水稻。此外，在海拔 2 600 多米的云贵高原也有水稻种植。

（一）水稻的发育特性

水稻的发育特性为“三性”，一是感光性，在适于水稻生长发育的温度范围内，短日照可使生育期缩短，长日照可使生育期延长，这种受日照长短的影响而改变生育期的特性称为水稻品种的感光性。例如，晚稻品种农垦 58 于 6 月 15 日（长沙）播种，自然光照下播种到抽穗的天数为 85d，通过人工短日照处理（11h/d）后，播种至抽穗的天数为 46d，减少了 39d。对于感光性的品种来说，短日照可以促进抽穗，我国南北各稻区在水稻生育期间的日长大致在 11 ～ 17h，而诱导感光性品种的日长一般为 12 ～ 14h，由于品种不同，用 9 ～ 12h 日长处理的促进抽穗最明显，并且，晚熟的感光性品种，促进抽穗的最适日长相对较短。二是感温性，在适于水稻生长发育的温度范围内，高温可使生育期缩短，低温可使生育期延长，这种温度高低改变生育期的特性称为水稻品种的感温性。三是水稻品种的基本营养生长性，在最适的短日、高温条件下，水稻品种仍需经过一个最短的营养生长期，才能转入生殖生长，这个最短的营养生长期，称为基本营养生长期。反映基本营养生长期长短差异的品种特性称为基本营养生长性。在营养生长期中受短日高温缩短的那部分生长期称为可变营养生长期。

水稻的这些发育特性在引种方面也提供了一些参考，当纬度和海拔相近的地区，由于日长和温度条件相近，东西方向地区的水稻品种可以相互引种。当北种南引时（高海拔品种引至低海拔），由于生育期间的日长变短，温度提高，品种的生育期缩短，通常会减产。当南种北引时（或者低海拔品种引至高海拔），由于生育期间的日长变长，温度降低，品种的生育期延长，只要种植制度允许，能安全齐穗，一般情况下会增产。

（二）水稻对养分的需求

水稻生长发育所需的各类营养元素，主要依赖于根系从土壤中吸收。一般每生产 100kg 稻谷，需吸收氮（N）1.6 ～ 2.4kg，磷（P_2O_5）0.8 ～

1.3kg，钾（K_2O）1.8 ～ 3.8kg。通常杂交稻对钾的需求稍高于常规稻，大约高10%。另外，水稻还需吸收锌（Zn）、硅（Si）、硼（B）等营养元素。稻田土壤在水稻生长期间，绝大部分时间处于淹水状态，土壤中水多气少，二氧化碳的增加，会导致氧化还原电位下降，还原性增强，铵态氮占主导地位，磷、钾的有效性增加，铁、锰活性及锌的有效性下降，pH值趋于中性。其中，氮、磷、钾主要通过肥料施用获得，水稻对氮（N）、磷（P_2O_5）、钾（K_2O）的吸收比例约为2∶1∶3。水稻对氮、磷、钾的最大吸收量都在拔节期，约占全生育期养分总吸收量的50%。就水稻品种而言，晚稻由于其生育期短，对氮、磷、钾三要素的吸收量在移栽后2 ～ 3周会形成一个高峰；而单季稻由于生育期较长，对三要素的吸收量一般会在分蘖盛期和幼穗分化后期形成两个吸收肥料的高峰。因此，施肥必须考虑水稻这些营养规律和吸肥特性，充分满足水稻吸肥高峰对各种营养元素的需要。

按照水稻的生育时期，水稻施肥主要分为基肥、分蘖肥、穗肥、粒肥。其中，基肥是水稻施肥的关键所在，若想获得高产，最好在栽培前施足基肥，这样可以让水稻在生长过程中有足够的营养，施肥后要进行耕田，让养分分布均匀。分蘖期是水稻生长的重要时期，此时施加足够的肥料，有利于水稻株数的增加，一般是在移栽秧苗后的半个月左右施用。穗肥是在水稻幼穗分化期的时候施用，此时施肥主要是以氮素为主，可有效地促进茎叶的生长，也能防止植株老化，让植株内部的养分更为充足。粒肥，有时也和穗肥一起施用，主要是延长水稻叶片的光合作用，让植株生长地更加繁茂，以减少空瘪果实的发生，也是以尿素为主，一般在抽穗前一周施用。

施肥量的推荐因品种特性、产量目标及土壤供肥能力不同而有较大差异，应根据品种种植的土壤条件和产量指标等调整施肥量。另外，对于旱茬田、低洼的水田应基施锌肥1kg/亩①，对于新改水田（特别是由蔬菜地新改水田）应注意基施硼肥0.5 ～ 1kg/亩。

肥料施下后，往往不是马上就能被吸收利用的，一般遵循“一叶施肥、二叶见效、三叶受益”的原则。在具体施肥技术方面，一是要推广氮肥深施技术；二是要选用氯化铵、尿素、碳酸氢铵等铵态氮肥，避免使用硝态

---

① 1亩≈667m^2，1hm^2=15亩。

氮；三是追肥要避免肥料沾叶现象发生，还需要注意避免过量施肥导致烧苗。

第三节　山东水稻生产概况

我国是世界上栽培水稻最古老的国家。根据史书（《诗经》《淮南子》《周礼》《战国策》《史记》等）记载，距今5 000年的神农时代，我国已开始稻作栽培。浙江余姚河姆渡曾发现距今6 700～7 000年的稻作遗址。中华人民共和国成立以前水稻生产停滞不前。1936年全年播种面积3.45亿亩，单产仅165kg，是中华人民共和国成立前有记载的最好年成。中华人民共和国成立以后水稻生产飞跃发展。国家对水稻生产非常重视，20世纪50年代进行了治水改土，60年代开始推广矮秆品种，将陈永康、崔竹松水稻高产经验推广应用，70年代培育了杂交稻，开始小群体、壮个体高产技术推广应用，80年代开始进行叶龄模式栽培技术推广应用，90年代开始关注群体质量栽培技术推广应用，一直到超级水稻、精确定量栽培技术推广应用。我国的水稻面积和产量的85%以上在淮河以南各省。

全国的稻区有华南双季稻稻作区、华中双季稻稻作区、西南高原单双季稻稻作区、华北单季稻稻作区、东北早熟单季稻稻作区和西北干燥区单季稻稻作区6个。

一、山东水稻生产发展历程

山东水稻属于华北单季稻稻作区的黄淮粳稻亚区，地处一季稻向麦茬稻的过渡区，生态类型多样，且零星分布，面积不大。山东稻作历史悠久，有着丰厚的历史底蕴和稻作文化，4 000多年前，在龙山文化遗址就存在稻谷印痕。总之，水稻在山东属于高产高效的特色粮食作物。

山东水稻的种植区域主要分布在济宁、临沂、日照、枣庄、济南、东营、菏泽、滨州8个地市，主要是沿河湖及涝洼地分布，自然生态条件适合，根据主要灌溉水源可以划分为济宁滨湖稻区、临沂库灌稻区及沿黄稻区三大稻区，三大稻区面积占全省的95%以上，属于优质粳稻。和其他省份相比，受地理生态条件等的限制，山东水稻在种植面积上没有优势，但是山东水稻的单产一直在全国各省中处于比较高的水平。

山东水稻的播种面积、产量和单产与全国相比的具体表现如图 1–3、图 1–4 所示。由图 1–3 可知，21 世纪以来，山东水稻的播种面积和产量在全国占比呈现不断下降的趋势，山东水稻的总体种植面积由 2000 年的 17.7 万 hm^2 降低到 2003 年、2016 年和 2021 年的 11.2 万 hm^2、10.7 万 hm^2 和 11.3 万 hm^2，截至 2021 年，种植面积下降了 36%。水稻产量在全国的占比由 2000 年的 0.59% 下降为 2016 年的 0.42%，其中，产量占比的下降幅度小于播种面积占比的下降幅度，主要原因是山东水稻单产高于全国的平均单产。

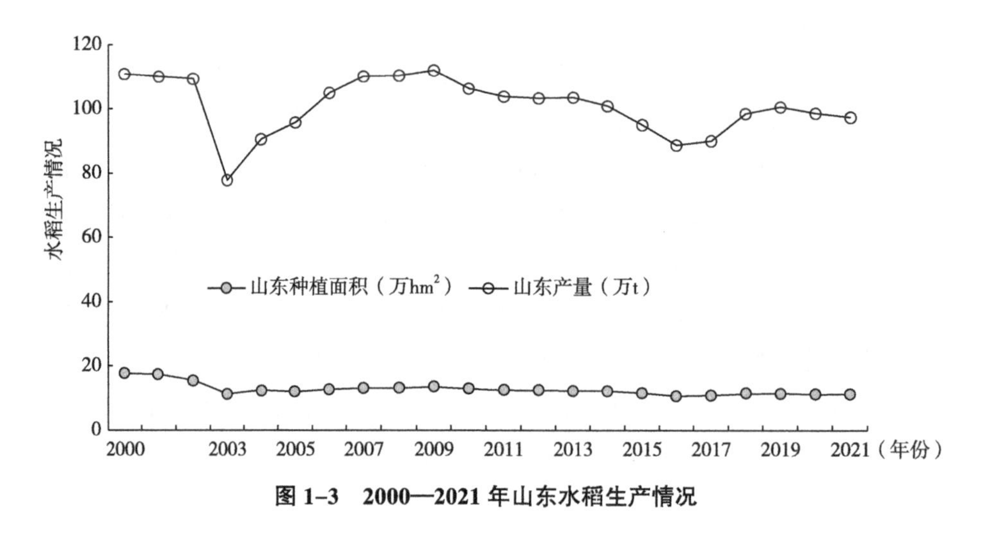

图 1–3　2000—2021 年山东水稻生产情况

数据表明，20 多年来，山东省三大稻区的水稻种植面积变化差异明显。沿黄稻区水稻种植面积从 2000 年开始逐渐下降，其中，2017 年、2018 年出现回升，2019 年后趋于稳定，属于相对稳定地区。库灌稻区水稻种植面积变化较大，在 2003 年和 2012 年有两次大幅上升，在 2014 年和 2017 年之后迅速下降，截至 2021 年，稻区面积占比下降近 8 个百分点，属于降低地区。滨湖稻区和库灌稻区正好相反，在 2003 年和 2012 这两年面积占比下降明显，之后稳步回升，截至 2021 年稻区面积占比上升 7 个多百分点。总体上，三大稻区的水稻种植面积趋于稳定。

由图 1–4 可以看出，山东水稻单产从 2001 年开始一直高于全国水稻的平均单产，在 2000—2005 年差距不大，2005 年之后山东水稻的单产开始飞速上升，大部分年份的水稻单产每亩都比全国平均水平高 100kg。以 2021 年为例，2021 年山东水稻单产 574.9kg/亩，远高于全国水稻的平均单产 474.2kg/亩，且在全国各省中排名第四，前三位是新疆（627.11kg/亩）、天津（623.68kg/亩）、江苏（596.20kg/亩）。从水稻单产的角度来看，山东水稻保持高产稳产的潜力很大。

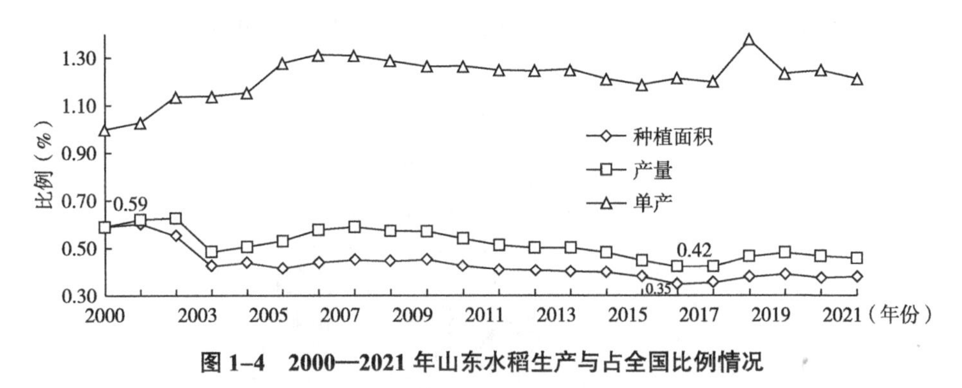

图 1–4　2000—2021 年山东水稻生产与占全国比例情况

二、山东不同生态类型水稻产量差异

根据灌溉水资源的分布，山东水稻种植主要集中在鲁西南的济宁滨湖稻区、鲁南的临沂库灌稻区和沿黄河一带的济南和东营等地区（图 1–5）。其中以济宁为代表的鲁西南地区的水稻播种面积最大，济宁在 2021 年的播种面积为 4 万 hm^2，在山东各市排名第一。单产为 649.3kg/亩，在山东各市也排名前列。其次，是以临沂为代表的鲁南地区，临沂在 2021 年的水稻播种面积为 3.8 万 hm^2，单产为 627.1kg/亩。以济南和东营为代表的沿黄河一带的水稻播种面积是山东的第三大水稻种植地区，东营在 2021 年的播种面积为 2.4 万 hm^2，由于东营特殊的盐碱条件，水稻单产一直不高，2021 年的单产为 379.5kg/亩。

山东各地市的水稻种植面积变化较大，根据数据统计，水稻种植面积减少最多的是济南、德州、聊城、淄博，2000 年水稻种植面积有 900hm^2，2021 年统计还不到 1hm^2，主要集中在沿黄稻区，与近年来黄河水的流量密切相关。青岛、威海、潍坊、烟台和东营 5 个地市的 2021 年的水稻种植面积与 2000 年相比增加了，其中，威海 2000 年水稻种植面积不足 1hm^2，到 2021 年种植面积为 621hm^2。

由于山东农作物种植生态区的不同，也因此形成了不同的水稻种植模式。其中，鲁南、鲁西南、济南沿黄等稻区主要是水稻—小麦轮作，有少量的水稻—大蒜轮作，东营主要以单季稻为主。水稻在山东不仅是高产高效特色粮食作物，还是非常重要的抗逆作物，发挥着生态调节的作用，在低洼的沿河、湖和黄河三角洲等盐碱地区种植水稻，不仅担负着确保粮食安全的重任，还肩负着实现盐碱地综合利用、改良生态环境的重要使命。

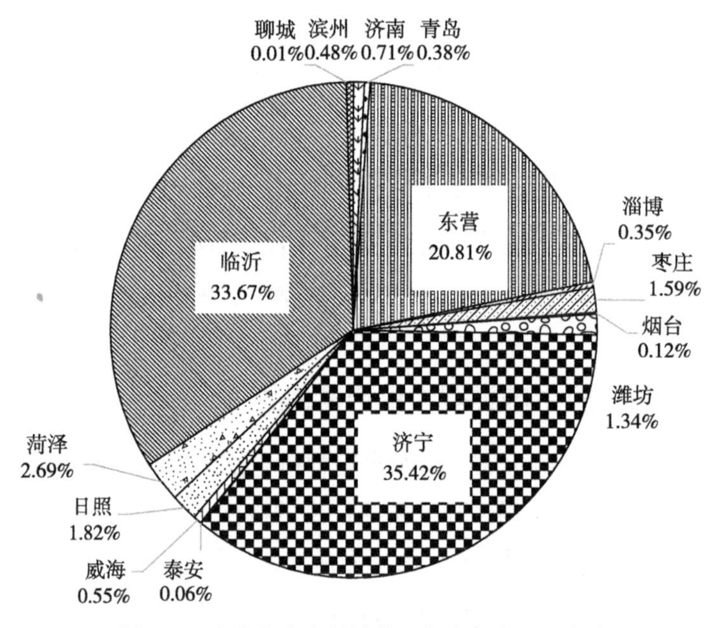

图 1–5 山东各市水稻播种面积分布（2021 年）

我国的水稻面积和产量主要集中在淮河以南各省，山东作为衔接南北稻区，是研究水稻生产的重要生态类型。山东早在 8 000 年前就已经出现水稻，济宁是山东水稻的主产区之一，穿梭其中的京杭大运河和其中纵横交错的河湖，为水稻种植提供了良好的生态资源。黄河故道的水源充足，土壤中含有丰富的微量元素，生产出的大米口感清香。产于明水百脉泉畔的明水香稻已有 2 000 年的历史，从明朝开始就作为贡米向皇帝进献。烟台的沽头大米也有 40 多年的种植历史，具有口感香、糯等特点。东营的优质水稻新品系，集耐盐、优质、抗病于一体，为促进盐碱地的利用也提供了重要种源。

三、山东水稻产量提升限制因素及对策

山东的水稻单产较高，也有很大的发展空间。通过对山东水稻生产全程分析发现，播种量偏高、氮素化肥施用过多等都是限制山东水稻产量提高的主要因素。

（一）播种量偏高，影响产量

水稻是分蘖成穗的作物，群体调节能力较强。水稻的播种量过多或过少都会对产量造成影响。育秧期间播种量过高时，2 叶期后秧苗为争取生存空间，势必需要向上方的空间发展，会导致第一叶鞘和 1 ～ 2 叶耳间距加长，无法培育壮苗，个体发育不良，当田间密度大，通风透光差，个体发育弱小时，病虫害也会发生重，进而影响产量。

直播稻种植时，若播种量太大，水稻个体分蘖就会受到抑制，成穗率低，虽然基本苗多，有效穗充足，但水稻个体间对温、光、水等的竞争加剧，茎秆细弱、群体拥挤密闭，生长后期会因倒伏风险较高和病虫害的发生而难以保持高产和稳产。而在播种量不足的情况下，水稻个体生长发育较好，有效分蘖多，成穗率高，每穗粒数也较多，但总穗数不足也会成为限制产量的因素。现在农民播种水稻，都愿意多播，造成苗密度过大，其实播种量过大，抽穗期都会往后推迟。不管是从实践栽培看还是从试验数据来看，一般常规稻的适宜播种量可达 4 ～ 6kg/亩，直播稻的适宜播种量因品种和地区有所差异，可在常规稻基础上适量增加。

（二）化肥使用量高，影响品质

粮食生产过程中，化肥过量施用的现象十分普遍。根据 IPCC（联合国政府间气候变化专门委员会）的数据，自 20 世纪 60 年代以来，合成氮肥用量增加了 800%，新的研究证实，如果不采取行动扭转这些趋势，其生产和使用造成的气候污染将变得更糟。根据联合国粮食及农业组织（FAO）的数据，到 2050 年，全球合成氮肥的使用量将增加 50% 以上。当前，我国化肥用量增速已经远超粮食产量增速。我国施肥水平已经远高于国际公认的每公顷施用 225kg 的环境安全上限，同时化肥的利用率远低于发达国家水平。

长期以来，为了追求连续增产，长江中下游地区水稻生产化肥过量施用、盲目施用、利用效率偏低等问题越来越突出；化肥施用对粮食增产的正向促进效应降低，负外部性逐渐显现，不仅增加生产投入成本、浪费资源，也容易造成耕地土壤板结和土壤酸化现象，以化肥等为代表的农资过量投入，在提高水稻生产力的同时，最终也造成农业面源污染。

（三）灌溉不合理，管理粗放

据国家统计局数据指出，2021年我国农业用水量占总用水量的61.39%，利用率却为40%左右。水稻是需水较多的大田作物，一方面水资源使用量巨大，而另一方面，灌溉水量不准确，灌溉时间随意，常常在大量漫灌或饱和灌溉之后将多余水量排出，不但水资源利用率低，而且稻田中的农药、化肥也会随之流失，整个过程存在耗费大量人力、灌溉效率低等诸多问题。

在实际生产过程中，需要根据水稻具体的生育时期，进行不同方式的灌溉。总的灌溉原则是“深水返青，浅水分蘖，水中壮芽，干湿壮种”。水稻移栽后，根系受到很大损伤，吸水能力大大减弱。这时，如果田间缺水，水稻根系吸水的能力就会大大减弱。所以幼苗移栽后一定要在深水中返青，防止生理性失水，以便提早返青，减少死苗，水深一般保持在3～4cm。在水稻分蘖期，若灌溉过深，土壤缺氧，养分就会分解缓慢，水稻植株的基部光照弱，不利于分蘖，分蘖期一般保持1.5cm深的浅水层。成穗期是水稻一生需要水分最多的时期，尤其是在减数分裂期间，植株对水分更加敏感，此时缺水，颖壳会退化，导致穗短、粒少、空壳多。因此，从孕穗期到抽穗期，需要在田间保持3cm左右的水层，以达到保花增粒的目的。水稻抽穗开花后，叶片就停止生长，茎叶也停止伸长，颖花发育完全，植株的需水量下降。此时，需要加强田间通风，减少病害发生，提高根系活力，防止叶片早衰，促进茎秆健壮，应采取干、湿交替为主的水分管理方法，达到以水调气、以气养根、以根护叶、以叶壮种的目的。

这种根据作物不同生育时期进行间歇灌溉的方式具有增产的作用，原因在于间歇灌溉不仅可以创造水、肥、气、热协调统一的根际环境，还能促进水稻根系发育，形成强大根系，并且可以增强根系活力，增加其对肥、水的吸收和利用，为水稻生长发育与产量形成提供有力的保障。

第二章　山东水稻营养生理生态与高效施肥的研究

第一节　光、温、水、肥资源对水稻的影响

一、山东水稻生长季光、温资源分布

（一）山东地理概况

山东位于中国东部沿海，地处黄河下游、京杭大运河的中北段，是华东地区最北端的省份，境内中部山地突起，西南、西北低洼平坦，东部缓丘起伏，介于东经 114°19′ ～ 122°43′，北纬 34°22′ ～ 38°15′（岛屿达 38°23′）。山东土地总面积 1 571.26 万 hm^2，其中农业用地 1 156.6 万 hm^2，占土地总面积的 73.61%，是典型的农业大省，位于北半球中纬度地带，南北最宽处距离约 420km，东西最长处距离约 700km，因此，山东的自然气候的东西差异远大于南北差异。

山东地形，中部突出，为鲁中南山地丘陵区，东部半岛大多为起伏和缓的波状丘陵区，西部和北部是黄河冲积形成的鲁西北平原区，是华北平原的一部分。山东气候属于暖温带季风气候。夏季偏南风，炎热多雨，冬季偏北风，寒冷干燥，其中胶东半岛和东南沿海为海洋性气候，鲁西北地区近大陆性气候，差异较大。

（二）山东水稻生长季的生态资源概况

山东水稻生育期间（6 月至 10 月下旬），各地平均气温分布不均匀，

东营地区较低，鲁南地区较高。其中，济宁、临沂主要稻区水资源丰富，光热充分，雨热同季，水稻全生育期的积温 3 570℃，降水量 647.7mm，总日照时数 1 049.1h，平均每日 7.4h，太阳总辐射量 55.6kcal/cm^2，可以充分保证中熟水稻品种对温、光、水的需求，同时肥沃的土壤和优越的自然条件也非常适宜水稻生长。

以 2022 年为例，水稻生育期间全省平均气温 23.9℃，较常年偏高 0.4℃。除 7 月下旬、8 月下旬、10 月上中旬较常年偏低外，其他各旬均较常年偏高。8 月 2—9 日、13—14 日全省出现两次阶段性高温天气过程，鲁南大部、鲁中和鲁西北部分地区日最高气温≥35℃的日数在 6d 以上。全省平均降水量 778.1mm，较常年偏多 56.1%，山东半岛、鲁西北和鲁中大部偏多 50% 以上，其中山东半岛和鲁中局部偏多 100% 以上。除 6 月上旬、8 月中下旬、9 月上旬和下旬、10 月中旬较常年偏少外，其他各旬均较常年偏多，其中 6 月下旬和 10 月上旬较常年偏多 200% 以上。全省平均日照时数 944.8h，较常年偏少 12.1h，山东半岛大部、鲁西北局部地区偏少 100h 以上。除 6 月上中旬、9 月上中下旬和 10 月中旬较常年偏多外，其他各旬均较常年偏少，其中 7 月中旬、10 月上旬偏少超过 20h。

（三）光照对水稻生长的影响

水稻是喜光的作物，对光照强度的要求较高，可见光区（390 ～ 760nm）的大部分光波都可以被水稻吸收，用于进行光合作用。其中光能利用率常常被作为生理指标，用来分析水稻对光能的利用效率。光能利用率低的原因主要有漏光损失、光饱和浪费、透射损失和环境条件不适等。实际生产中可以通过提高水稻单位叶片的光合效率、改进群体结构、提高群体的光合效率等途径来提高光能的利用率，也可以通过调节水稻的其他生态条件，改善光能利用的条件。从光周期长短不同的反应来看，水稻属于短日照作物，在较短的白昼和较长的黑夜条件下才能通过其光照阶段，开花结实。延长日照时间可以推迟水稻的开花结实，缩短日照则可以促进水稻的开花结实。

水稻是典型的短日照作物，长期的寡照会缩短营养生长期，缩短生育期，降低产量。不同时期的寡照，对水稻生长发育的影响也不尽相同。苗期如果光照不足，秧苗容易徒长；在水稻分蘖期间若遇持续的阴雨寡照，则会分蘖迟发，分蘖数减少，光照强度越低，对分蘖的影响则越严重。

水稻的生长对光照时间的要求并不高，重要的是吸收的光量，即水稻的感光性是重要的影响因素。不同品种的水稻感光性是不相同的，例如中晚稻的光敏性较强，而早稻的光敏性较弱，水稻光合作用的动力源是光，它为水稻的健康生长提供了重要的能源。水稻产量在很大程度上受到光合物质生产能力和光合同化产物分配的影响。当光照不足时，光受体会感知到红光和远红光比例的变化，从而致使作物株高增加，分蘖减少，并且加快开花速度，这就是作物的避阴反应。

在栽培上要注意的就是保证适时封行，合理增加作物叶面积，使作物群体能够得到较好的光照，提高光合作用效率，但又不能因叶片互相遮光而影响光合作用。若叶面积过大，封行过早，会造成群体叶片间互相遮蔽，积累有机物质和供给幼穗发育的营养物质下降，影响幼穗分化。一般情况下封行在幼穗分化后的 7 ～ 10d，剑叶露尖前后是最好的。

（四）温度对水稻生产的影响

水稻是喜温作物，需要日平均温度在 10℃以上才能开始活跃生长。水稻生长发育的基本温度范围是 13.5 ～ 33.5℃，其中极端最低致死温度为 4.7℃，最高致死温度为 42.9℃，最适生长温度为 27.6℃，但是不同的水稻品种、不同生育时期的温度三基点也存在差异。当环境温度高于最适温度时，水稻的生长或多或少都会受到影响，影响的程度根据水稻基因型、胁迫持续时间、植株自身生理特性的不同而不同。

抽穗结实期的最佳条件是抽穗期日均温 25 ～ 26℃，抽穗结实期日均温 21 ～ 22℃，日温差保持在 10℃以上。在高产地区的普遍规律是，光合作用的最适宜温度在抽穗至成熟期的平均最高气温为 25℃左右，平均最低温度为 15℃左右。

研究结果显示，水稻全生育期夜间增温 0.9℃时，水稻花后的绿叶面积与剑叶面积会呈下降的趋势。拔节期与抽穗期的高温处理使水稻剑叶的叶绿素相对含量（SPAD 值）降低，孕穗期高温与淹水胁迫的叠加处理会增加剑叶 SPAD 值。前人研究发现全生育期的增温使高纬度粳稻的穗粒数降低但单位面积有效穗数增加，最终提高了水稻产量。孕穗期的增温与高温处理发现，水稻的产量下降，结实率降低，穗数、穗粒数和千粒重减少。

在水稻穗分化期、开花期和灌浆期进行高温处理，发现高温会降低结实率、颖花数和粒重，进而导致产量损失。高温使稻米的地上部总干物质积累量与营养器官干物质积累量下降，干物质运转量和运转率均有不同程度下降。

此外，温度对水稻的养分含量、叶片氮代谢酶活性、稻米品质和淀粉品质也均有影响。

（五）水分对水稻生产的影响

水是光合作用的原料，水是链接土壤—植物—大气系统的介质，通过吸收、输导和蒸腾把土壤、作物、大气联系在一起。水稻是粮食作物中耗水量较高的作物，是农业第一用水大户。

每生产 1kg 水稻干物质，需要 400 ～ 700kg 水。水稻的需水量不仅因其生长发育时期不同而有差别，还因外界环境而有显著变化。水稻对水的需求主要体现在生理需水和生态需水两个方面。

水稻的生理需水是指水稻通过根系从土壤中吸入植株体内的水分，以满足个体生长发育和不断进行生理代谢所消耗的水量。从水稻各生育期的蒸腾系数来看，早期较高，中期较低，而以成熟期最高。植株较高或生育期较长的品种蒸腾系数也相应地较大。外界环境条件也对蒸腾系数有直接影响，如大气湿度越大，蒸腾系数越小。

水稻的生态需水是指水稻个体外的群体间和生活的土壤环境的用水，把水作为生态因子调节稻田湿度、温度、肥力和水质以及通气作用等所消耗的水量。它主要包括稻田的蒸腾和渗漏部分。稻田蒸腾是指田间水面或土壤蒸发到大气中去的水分，渗漏则是指由于受土壤重力影响而发生的垂直渗漏及由于水势梯度而产生的侧向渗漏。

山东的水资源比较紧张，年降水量一般在 550 ～ 950mm，且降雨的地区分布不均十分明显，从鲁东南沿海向鲁西北递减。水稻各个生长阶段的需水量是不一样的，在种子萌发阶段，只需要吸收种子本身重量的 25% 的水分就可以萌发，最适宜的水分是 40%。水稻在 4 叶后开始分蘖。在分蘖期间，为促进早分蘖，低位分蘖，促进根系发达，植株健壮，要求浅水灌溉。因为浅灌可以提高水温、地温，增加根际间的氧气供应，加速土壤的养分分解，为水稻分蘖创造良好的条件。此期若缺水干旱，会延迟水稻的分蘖，减少分蘖数。而深水则会抑制分蘖，所以在有效分蘖末期，为了抑制无效分蘖，通常采用两种方法：一是加深水层，减少氧气供应，降低温度，减弱稻株基部光照强度，以抑制后期分蘖；二是排水晒田，使耕层水分减少，以抑制养分吸收。其中，后一种方法多在肥力条件较高的田块采用。

水稻分蘖盛期到抽穗开花的这一时期是水稻一生中生理需水最多的时期，也是抗旱性最弱的时期。特别是花粉母细胞减数分裂期，对水分最敏感。此期缺水会严重妨碍水稻颖花分化，造成秆矮、穗小、粒少，进而影响稻谷产量。另外，水稻抽穗开花期也是水稻对水分反应较为敏感的时期。此期间缺水受旱，会抽穗困难，不能正常开花授粉。水稻灌浆结实期是谷粒的充实期，谷粒中的物质绝大部分是抽穗后光合作用的产物，少部分是由前期积累的物质转移到谷粒中的。若此期缺水，会使结实不饱满，粒重降低，空秕粒增多。蜡熟期以后，水稻的需水量下降，此时可以适时地放水落干，以促进成熟，便于后续的收获和秋翻。

（六）土壤对水稻生产的影响

土壤是作物赖以立足、吸收养分和水分的场所。水稻要求土层深厚，土壤肥沃，通透性好，中性至偏酸性土壤，蓄水良好。水稻最适宜生长的土壤 pH 值在 6 ～ 7。根据土壤的质地可以把土壤划分为沙土、壤土和黏土三类九级，其中，适合种植水稻的土壤性质需介于沙土与黏土之间，这类土壤不仅肥力好，而且耕性高，通气透水，供肥保肥能力适中，耐旱耐涝，抗逆性强，适种性广，适耕期长，易培育成高产稳产土壤。沙土中施肥见效快，作物早生快发，但无后劲，往往造成后期缺肥早衰，结实率低，籽粒不饱满，这类土壤既不保肥，也不耐肥。黏土的特性正好和沙土相反，它的质地黏重，耕性差，土粒之间缺少大孔隙，因而通气透水性差，既不耐旱，也不耐涝，但其保水保肥力强，耐肥，养分不易淋失，养分含量较沙土丰富，有机质分解慢，腐殖质易积累。

水稻属于中等感盐作物，而且在不同发育阶段的耐盐性不同，其中在幼苗的 3 叶 1 心期和幼穗分化期对盐胁迫较为敏感，并且不同生育时期的耐盐性没有必然的相关性。当土壤中可溶性盐达到 0.3% 时，水稻在苗期就会表现出明显的受害症状。苗期阶段主要表现为生长受阻，成活率降低，卷叶，叶尖发白枯死，老叶向新叶逐渐枯死。在生殖生长阶段主要表现为延迟抽穗，减少有效穗结实率，穗不能完全抽出，产量降低。

（七）秸秆对水稻生产的影响

随着生产水平的提高，各作物的产量不断提升，产生的秸秆数量也逐渐攀升，秸秆作为作物的副产物越来越受到大家的关注，如何合理地利用秸秆，避免因处置不当导致环境污染已经成为关注的热点问题。目前作物秸秆的利用方式主要有秸秆还田，制作成饲料、能源、工业原料与栽培食用菌，但仍存在利用率低、转化率低等问题。据统计，我国秸秆产量占世界的 25%，每年平均产生秸秆超过 9 亿 t，其中以水稻、玉米和小麦等秸秆为主，占 70% 以上，但秸秆有效利用率不足 40%。秸秆可补充水稻生长过程中所需的各种营养元素，100kg 的新鲜秸秆中氮含量为 0.48 ～ 0.50kg、磷含量为 0.12 ～ 0.38kg、钾含量为 1.0 ～ 1.67kg。换作氮肥、磷肥和钾肥的含量为 2.4kg、3.8kg、3.4kg。秸秆在物质、能量和养分之间发挥了载体作用，它可以减少温室气体排放，增加土壤有机质含量，增加土壤酶活性，改善土壤团聚体结构，并提高作物产量，因此合理并有效的利用秸秆对农业生产有重要意义。

研究表明秸秆还田可提高水稻产量与有效穗数，与秸秆不还田相比，翻耕 + 全量还田和少耕 + 半量还田处理均显著提高水稻产量。在早稻和晚稻的成熟期，秸秆还田处理均有利于增加水稻植株茎、叶、穗和地上部干物质积累量及茎叶干物质转运量。冬季覆盖作物秸秆还田措施还能促进水稻各部位干物质积累和转运，其中紫云英秸秆还田处理有利于水稻群体养分的积累与转运。分蘖期秸秆还田虽抑制了水稻叶面积、干物质积累量以及根系性状，但在齐穗期却提高了叶面积指数和干物质积累量。通过不同水旱轮作模式下秸秆还田的研究发现周年秸秆全量还田可以改善稻米外观品质和加工品质，提高营养品质和蒸食品质，也有研究认为秸秆还田处理提高了稻米的食味值，对稻米的糙米率、精米率和整精米率无显著影响。

二、肥料运筹对水稻的影响

在高产条件下，水稻拔节前吸收氮、磷、钾的数量分别占一生吸收总量的 30%、35%、50% 左右；拔节到抽穗阶段吸收氮、磷、钾的量分别占 50%、50%、40%；抽穗后吸收氮、磷、钾的量分别占 20%、15%、10%。

水稻是属于喜铵作物，拔节前明显偏向吸收铵态氮，拔节后稻根的还原力强，特别是上层根系和浮根的产生，对硝态氮的吸收显著增加，故也称水稻为前铵后硝的作物。

氮肥定量分为总氮量和氮肥运筹两部分，都是根据高产水稻需肥规律、土壤供氮规律、肥料特性和当季利用规律以及生育期间各种情况变化来定量的，是栽培中较难定量的技术之一。其中，总氮量确定总施氮量。

总氮量 =（目标产量吸氮量 – 土壤供氮量）/ 肥料利用率

目标产量吸氮量 = 目标产量 × 单位目标产量吸氮量，据统计每生产 100kg 稻谷吸氮量粳稻在 2.2kg，籼稻 2.0kg。

土壤供氮量 = 无氮区产量 × 单位无氮区产量吸氮量，其中，无氮区吸氮量随地力（即无氮区产量）提高而增加，且受土壤质地影响，黏土地比沙土地高。无氮区 100kg 稻谷吸氮量 =0.002 35× 无氮区产量 + 土壤因子，土壤因子黏土取 0.68，沙土取 0.54。

不同品种、土壤质地、肥料、施肥方法、前后施肥比例、气候、土壤水分都会影响肥料的利用率，有 17.1% ～ 45.3% 的差异。在高产条件下，上述各因素都必须保证在最适范围，所以肥料利用率的高低实际上也就是各项管理措施合理与否的一种综合体现。

总之，施肥的原则最主要的是需要确保在有效分蘖阶段水稻不缺氮（顶 4 叶叶色深于顶 3 叶），并保持合理的氮浓度渐降动态，到无效分蘖期降到缺氮水平（顶 4 叶叶色浅于顶 3 叶）；在穗分化开始氮素水平逐渐提高，进入二次枝梗分化以后达到不缺氮水平以上（顶 4 叶叶色深于或接近顶 3 叶），且一直维持到乳熟期，乳熟期后逐步下降，以便提高物质运转。

磷肥施入土壤后的当季平均利用率只有 14%，其余转化成为土壤磷逐步分解利用，水稻吸收的磷有 58% ～ 83% 来自土壤，高产水稻的施磷是受土壤全磷和速磷制约的，应长期施用维持土壤等量的磷。由于水稻当季吸收的磷主要来自土壤，故常依据土壤的磷含量来确定施肥量。

钾肥溶解度大，吸收率高（40% ～ 70%），同时也易淋溶损失，一次不宜施用过多，最好采用两次施肥。第 1 次作基肥，第 2 次在拔节期施用，各占一半。土壤速效钾含量对钾肥施用量有很大影响。

实际生产中，水稻施肥一般选用氮、磷、钾复合肥，后续的追肥一般氮素选用尿素，磷素选用过磷酸钙，钾素选用氧化钾。目前，市场上的新型肥料种类繁多，主要包括复合型微生物接种剂、复合微生物肥料、植物促生菌剂、秸秆、垃圾腐熟剂、特殊功能微生物制剂、控/缓释新型肥料、生物有机肥料、有机复合肥、植物稳态营养肥料等。我国新型肥料的研究主要围绕提高肥料利用效率这个核心目标进行。目前发展较快，在生产中应用较广的缓/控释肥料主要有包膜型缓/控释肥料和稳定性肥料。

第二节　施肥管理对水稻生产的影响

一、肥料减施对水稻生产的影响

在稻田生态系统中，肥料的供应是影响水稻高产、高效、高品质的主要调控因子，其中的肥料利用效率也是直接与农业面源污染相关。持续减少化肥施用量，实现农业生产方式绿色转型是我国农业发展的迫切需求。

（一）肥料减施对水稻产量的影响

我国是一个粮食大国，人们对粮食的品质和产量都有较高的需求。在如今耕地面积紧张的情况下，仍需提高粮食的产量，肥料在水稻增产中依然发挥着重要作用。有研究表明，肥料对粮食增产作用已经达到了45%～60%，而氮肥更是居于首位。

氮、磷是水稻生长过程中必需的营养元素，施用氮、磷肥对水稻产量和营养品质有重要的影响。氮参与植物生长发育的各项生理活动，是合成植物蛋白质的主要元素，也是限制作物产量和品质的重要因素。磷是影响水稻生产的重要因素之一，磷的主要作用是储存和转运能量供植物吸收，水稻根系的生长需要充足的磷肥供应，缺磷会限制作物的正常生长发育。

肥料给粮食带来增产的同时，也导致了人们对肥料的依赖性越来越高。张福锁等（2008）研究发现，中国的水稻、玉米以及小麦的氮肥利用率分别为28.3%、26.1%、28.2%。随着人口的增长和对粮食需求的不断增加，对化肥的需求也在增加，然而各地施用化肥的水平各有不同，普遍存在氮、磷肥的不恰当施用导致肥料利用率低下，作物产量和品质也受到很大影响。前人研究表明，水稻产量随着施氮量的增加呈现先上升后下降的趋势，具体表现为开口向下的抛物线状态，说明氮肥具有较大的减施空间。因此，本研究主要通过开展氮肥、磷肥减施对水稻产量和品质的研究，以明确氮肥和磷肥合理的减施范围，为水稻生产科学减施肥料提供理论依据。

本试验在山东省水稻研究所济宁试验站（东经 116°37′，北纬 35°19′）开展，试验地属于温带半湿润大陆性气候，年平均温度 13.50℃，年平均降水量 697mm，无霜期 200d，是典型的水稻—小麦一年两熟区。试验开始前耕层（0 ～ 20cm）土壤有机质含量 18.80g/kg、全氮 2.46g/kg、碱解氮 95.37mg/kg、有效磷 29.69mg/kg、速效钾 196.56mg/kg，pH 值为 6.70。

试验以粳型常规水稻圣稻 18 为材料。肥料选用尿素（N ≥ 46%）、过磷酸钙（P_2O_5 ≥ 12%）和氧化钾（K_2O ≥ 50%）。试验采用二因素随机区组设计，设 4 种施氮梯度，分别为 N0（不施肥）、N1（150kg/hm^2）、N2（210kg/hm^2）、N3（270kg/hm^2）；3 种施磷梯度，分别为 P0（不施肥）、P1（70kg/hm^2）、P2（140kg/hm^2），互作配施共设置 12 个处理（N0P0、N0P1、N0P2、N1P0、N1P1、N1P2、N2P0、N2P1、N2P2、N3P0、N3P1、N3P2），每个处理占地 20m^2，均为 3 次重复。氮肥按照基肥、返青肥、分蘖肥和穗肥等比例进行配施，钾肥分为基肥和穗肥两次平均施入，磷肥全部作为基肥施入。

试验于 2017—2019 年进行，重复 3 年。2017 年、2018 年、2019 年的插秧时间分别为 2017 年 6 月 24 日、2018 年 6 月 23 日、2019 年 6 月 20 日，收获时间分别为 2017 年 10 月 25 日、2018 年 10 月 23 日、2019 年 10 月 28 日。水稻生长期间的栽培管理方式与当地常规管理方式相同。

施肥对产量的提高有着至关重要的作用，氮肥和磷肥都有效提高了水稻的产量，氮、磷互作对产量的影响见表 2-1。产量结果表明，氮肥和磷肥均不施入时，产量最低为 3 838.9kg/hm^2，N3P1 处理的产量最高为 8 510.5kg/hm^2，其次为 N2P1、N2P2。本试验氮肥处理中，N2 各处理平均产量最高，为 7 414.9kg/hm^2，磷肥处理中，P1 各处理平均产量最高，为 7 116.5kg/hm^2。因此分别将施氮量固定为 N2 作出磷肥单因子肥料效应曲线和将施磷量固定为 P1 作出氮肥单因子肥料效应曲线见图 2-1。

表 2-1 氮磷互作对产量（kg/hm^2）的影响

处理	P0	P1	P2	平均
N0	3 838.9	5 435.7	4 236.7	4 503.8 c
N1	6 497.6	6 940.2	7 060.5	6 732.8 b
N2	6 893.8	7 879.8	7 720.4	7 498.0 a
N3	7 037.9	8 510.5	6 696.2	7 414.9 a
平均	6 067.1 b	7 116.5 a	6 428.4 b	6 562.4

注：数据后的小写字母表示差异显著水平（P<0.05）。

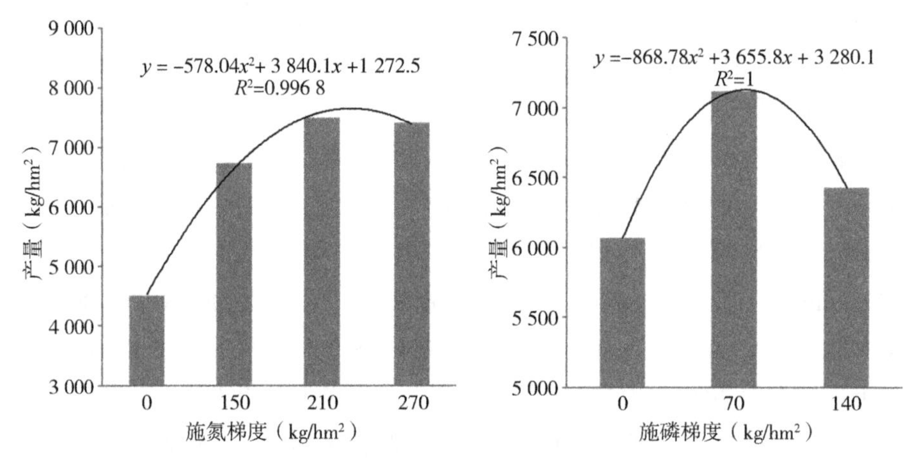

图 2-1 氮和磷单因子肥料效应曲线

根据氮和磷单因子效应方程可以看出，氮肥和磷肥的单因子变化趋势大致相同，同样表现出随着施肥量的增加，产量呈现开口向下的先增后减的抛物线趋势。由图 2-1 可看出，氮、磷互作对产量的影响有着促进和拮抗的作用，总体可表现为产量随着施肥量的增加而增加，在达到某一阈值时则会下降，遵守了肥料的报酬递减规律。其中对产量影响最大的是氮肥，在氮肥施用量过低或者过高的情况下，产量都有着较大的变化。水稻的产量也不是随着磷肥施用的增加而增加，在磷肥 P2（140kg/hm^2）施用量的处理下，产量也出现了下降的趋势。

对产量的构成因素进行了进一步的分析表明（表 2-2），氮、磷各处理对水稻的公顷穗数和穗粒数的影响相似。其中，公顷穗数和穗粒数最多的是 N2P1 处理，分别为 230×10^4 穗/hm^2 和 124.7 粒/穗。N0P2 处理的公顷穗数最低为 119×10^4 穗/hm^2，N3P0 处理的穗粒数最低为 101.7 粒/穗。氮、磷肥料处理对籽粒的千粒重影响相对较小，千粒重最重的是 N1P1 处理，为 27.8g，最轻的是 N0P0 处理，为 25.8g，且与最重的处理间无显著差异。

表 2-2　产量构成因素

处理		公顷穗数（10^4 穗/hm^2）	千粒重（g）	穗粒数（粒/穗）
N0	P0	123 ef	25.8 a	111.3 bcde
	P1	167 cdef	27.7 a	105.7 cde
	P2	119 f	25.9 a	103.7 de
N1	P0	186 bcd	26.7 a	111.2 bcde
	P1	182 bcd	27.8 a	113.4 abcd
	P2	171 cdef	27.4 a	103.7 de
N2	P0	179 bcde	27.7 a	113.9 abcd
	P1	230 ab	26.9 a	124.7 a
	P2	214 abc	27.3 a	115.4 abc
N3	P0	155 def	26.2 a	101.7 e
	P1	179 bcde	27.3 a	118.7 ab
	P2	186 bcd	26.9 a	114.5 abcd

注：数据后的小写字母表示差异显著水平（$P<0.05$）。

对水稻籽粒的食味值、蛋白质和直链淀粉含量进行了进一步分析（表 2-3），结果表明，氮肥对食味值的影响较大，不施肥的处理食味值较高，食味值最高的处理是 N0P1，为 78.0，食味值最低的处理是 N2P2，为 70.3，且差异极显著。蛋白质含量最高值为 N2P2 处理的 10.0%，最低值为 N0P2 处理的 8.0%，且差异极显著。不施氮处理的直链淀粉含量相对较高，其中，直链淀粉含量最高的为 N0P0 处理 16.9%，含量最低的为 N2P2 处理 14.7%。

表 2-3　稻米的品质数据

处理		食味值	蛋白质（%）	直链淀粉（%）
N0	P0	76.0 b	8.6 g	16.8 b
	P1	78.0 a	8.1 h	16.7 ab
	P2	77.6 a	8.0 h	16.9 a
N1	P0	74.0 c	9.0 ef	15.9 c
	P1	75.0 c	8.8 f	15.9 c
	P2	72.0 d	9.5 b	15.3 d

（续表）

处理		食味值	蛋白质（%）	直链淀粉（%）
N2	P0	74.3 c	9.0 ef	15.8 c
	P1	72.3 d	9.3 c	15.4 d
	P2	70.3 e	10.0 a	14.7 e
N3	P0	74.7 c	9.0 ef	15.8 c
	P1	70.4 c	9.2 cd	15.6 cd
	P2	74.0 c	9.1 de	15.8 c

注：数据后的小写字母表示差异显著水平（$P<0.05$）。

对稻谷的加工品质进行了分析（表 2–4），具体分析了糙米率、精米率和整精米率的数据。其中，糙米率最高的处理为 N3P1 处理，糙米率为 83.8%，最低的处理为 N1P1 处理，糙米率为 80.6%。精米率最高的处理为 N3P1 处理，精米率为 74.2%，最低的处理是 N0P0 处理，精米率为 70.7%。整精米率最高的是 N1P1 处理，为 72.1%，最低的是 N0P0 处理，整精米率为 69.5%。

表 2–4　稻谷的加工品质

处理		糙米率（%）	精米率（%）	整精米率（%）
N0	P0	82.3 ab	70.7 f	69.5 e
	P1	81.9 ab	72.9 cd	71.0 bcd
	P2	82.0 ab	71.3 ef	69.7 de
N1	P0	81.2 ab	73.5 abc	71.0 bcd
	P1	80.6 b	73.4 abc	72.1 ab
	P2	83.3 ab	74.1 ab	71.8 abc
N2	P0	83.2 ab	73.1 bc	70.7 bcde
	P1	83.3 ab	73.2 abc	72.6 a
	P2	83.1 ab	72.7 cd	70.7 bcde
N3	P0	82.9 ab	71.9 de	70.6 cde
	P1	83.8 a	74.2 a	71.7 abc
	P2	82.8 ab	71.5 ef	71.2 abc

注：数据后的小写字母表示差异显著水平（$P<0.05$）。

氮肥的供应是影响水稻高产、高效、高品质的主要调控因子，并对活性氮损失和排入环境有重要影响。目前，山东水稻生产中基、追肥使用的氮肥以尿素为主。尿素进入土壤后，由脲酶迅速水解转化为铵态氮。水稻是喜铵作物，但土壤中微生物介导的硝化过程会不断将铵态氮转化为硝态氮，而硝态氮在水稻栽培过程中极易产生淋洗及径流损失，且硝化、反硝化过程中还会产生大量 NOx 气体损失。这些氮损失导致水稻氮肥利用率低下，大量氮肥不能被水稻有效吸收利用，并产生水体污染和温室气体排放等一系列生态环境问题。持续减少化肥施用量，实现农业生产方式绿色转型是我国农业发展的迫切需求。

在当前我国农业绿色低碳发展的背景下，化肥过量施用不仅造成资源浪费，也给农业生态环境带来危害。当前我国农业领域的活性氮排放日趋严重，氮肥施用还是水稻生产重要的氮排放源，对周边环境的影响尤为重要。

（二）肥料减施对后茬小麦秸秆腐解规律的影响

在保证作物产量稳定的前提下，优化施肥管理、合理减施化学肥料、寻找对土壤养分进行有效补充的便捷途径，可减少农田环境压力，对当前农业发展具有重要意义。随着经济的发展和粮食单产水平的提高，作物秸秆的处理已成为一项重要课题，传统的秸秆焚烧既浪费了资源又加重了环境负担，不利于生态平衡。作物秸秆是一种生物质能资源，我国每年产生的农作物秸秆大概有 1/3 左右还田，秸秆中含有大量有机质及植物生长所必需的氮、磷、钾和其他中、微量元素，秸秆残体是土壤有机质的重要来源。通过秸秆还田可实现肥料化利用，不仅能减少化学肥料的施用，还有助于增加土壤有机质含量，改善土壤物理性状，建立良好的土壤生态循环，对节约成本、保护生态环境具有重要意义。秸秆在土壤中的腐解转化速率不仅与秸秆本身的物质构成有关，还与周围的温度、水分、土壤性状等环境条件密切相关，其中，秸秆性质、气温和降雨是腐解快慢的主要影响因素。在一定温度范围内，土壤温度升高提高了土壤微生物活性及呼吸速率，有利于加快秸秆腐解速率。此外，施肥方式对秸秆的腐解速率也有影响，尤其是一定比例的氮、磷配施，及时补充土壤中的养分，可加快秸秆在土壤中的转化，有效提高土壤地力，进行良性循环生产。有研究表明，秸秆还田配施一定量的氮、磷肥，可以改善土壤供氮特性，两种形态的氮素在土壤中的固持与矿化相互影响，既有利于土壤氮素转化，又有利于作物吸收。

本研究聚焦稻麦轮作区，探讨稻田环境中肥料等量减施条件下小麦秸秆腐解的养分释放特征。供试材料为圣稻 18，秸秆是取前茬济麦 22 籽粒收获后植株的剩余部分。2018 年试验地的秸秆腐解期间最高温 36.99℃，最低温 4.11℃，日均气温 5.67 ～ 32.55℃，5℃以上积温 2 187.15℃，10℃以上积温 2 055.79 ℃。2019 年秸秆腐解期间最高温 38.03 ℃，最低温 1.59℃，日均气温 8.57 ～ 30.60℃，5℃以上积温 2 638.32℃，10℃以上积温 2 619.80℃。试验设 3 个处理：CK_0，不施肥对照；CK，常规施肥对照；F_{50}，常规施肥减量 50%。常规施肥：尿素 600kg/hm^2，过磷酸钙 1 125kg/hm^2，氯化钾 128kg/hm^2，氮肥的施用分基肥、返青肥、分蘖肥和穗肥 4 次施用，施用比例为基肥 30%、返青肥 20%、分蘖肥 25%、穗肥 25%。磷肥全部用作基肥施用，钾肥作基肥和穗肥各 50% 施用。小区面积 24m^2（4m×6m），3 次重复。试验两年重复，2018 年水稻于 6 月 23 日插秧，10 月 23 日收获；2019 年水稻于 6 月 20 日插秧，10 月 18 日收获。2018 年和 2019 年秸秆均于 7 月 3 日埋入大田。

秸秆腐解规律由表 2-5 可以看出，各时期不施肥处理（CK_0）的秸秆残余率均高于施肥处理（CK、F_{50}）。至腐解 120d，各处理秸秆均有 60% 以上已腐解。其中，F_{50} 处理秸秆残余率显著低于 CK_0 处理，比 CK_0 低 16.43%，比 CK 高 11.14%。CK 和 F_{50} 处理间秸秆残余率差异不显著。

表 2-5　施肥处理对秸秆残余率的影响

处理	腐解时间（d）								
	0	15	30	45	60	75	90	105	120
CK_0	100 a	86.11 a	73.73 a	62.82 a	58.40 a	50.47 a	46.13 a	42.73 a	40.60 a
CK	100 a	78.40 b	67.27 a	58.53 b	49.33 a	37.47 b	35.60 b	33.33 b	30.53 b
F_{50}	100 a	81.63 ab	68.73 a	60.33 b	56.27 a	48.20 b	40.27 b	35.60 ab	33.93 b

注：同一时期不同处理间小写字母表示差异显著水平（$P<0.05$）。

CK_0 处理下秸秆的腐解速率最低（表 2-6），F_{50} 和 CK 处理秸秆腐解速率比 CK_0 处理分别提高了 18.09% 和 31.45%，肥料的施用可提高秸秆的腐解速率，秸秆的腐解速率随肥料施用的增加而加快。CK_0、CK 和 F_{50} 处理下秸秆腐解 50% 的理论预测时间（83d、61d 和 71d）均在实测值区间

（75～90d、60d 和 60～75d）范围内。CK 和 F_{50} 处理下秸秆腐解 50% 的理论预测时间比 CK_0 处理分别缩短 22d 和 12d。CK 和 F_{50} 处理下秸秆腐解 95% 的理论预测时间比 CK_0 处理分别缩短 95d 和 59d。

表 2–6 施肥处理下的秸秆腐解模型

处理	腐解方程	R^2	K	T_{50}（d）	T_{95}（d）
CK_0	y=94.098e$^{-0.007\,63x}$	0.978 0	0.007 63	83	385
CK	y=91.869e$^{-0.010\,03x}$	0.969 6	0.010 03	61	290
F_{50}	y=94.099e$^{-0.009\,01x}$	0.987 6	0.009 01	71	326

各处理秸秆的氮素累积释放率变化规律相似，如表 2–7 所示，在稻田中经过 120d 的腐解后，不同处理秸秆中氮素累积释放率为 34.06%～53.02%，其中，F_{50} 处理秸秆中氮素累积释放率比 CK_0 处理提高 50.65%，比 CK 处理降低 3.23%。各处理秸秆的磷素累积释放率变化规律与氮素相似，取样结束时，不同处理秸秆中磷素累积释放率为 38.45%～69.48%，其中，F_{50} 处理秸秆中磷素累积释放率比 CK_0 处理提高 16.70%，比 CK 处理降低 35.42%。腐解前 30d 各处理秸秆中钾素的累积释放率为 72.58%～85.33%，腐解 120d 时，各处理秸秆的钾素累积释放率为 92.33%～95.88%，其中，F_{50} 处理秸秆中磷素累积释放率比 CK_0 处理提高 1.42%，比 CK 处理降低 2.34%。

表 2–7 不同肥料处理下秸秆中物质累积释放率（%）

处理		腐解时间（d）				
		0	30	60	90	120
CK_0	N	0	10.04	12.21	23.92	34.06
CK		0	17.94	40.62	48.25	53.02
F_{50}		0	14.82	29.33	35.75	51.31
CK_0	P	0	27.14	29.68	35.63	38.45
CK		0	50.82	55.96	62.97	69.48
F_{50}		0	35.74	41.99	42.63	44.87
CK_0	K	0	72.58	88.19	89.96	92.33
CK		0	85.33	91.96	94.18	95.88
F_{50}		0	83.89	88.78	93.33	93.64

如表 2-8 所示，各处理秸秆的氮、磷、钾平均释放速率高峰均出现在腐解前期（0 ～ 30d）。施肥处理提高秸秆氮、磷、钾的平均释放速率，在腐解前期（0 ～ 30d），F_{50} 处理秸秆中氮、磷和钾的平均释放速率比 CK_0 处理分别提高 47.13%、32.56% 和 15.59%，比 CK 处理分别降低 17.42%、29.19% 和 1.68%。在整个腐解期间，F_{50} 处理秸秆中氮、磷和钾的平均释放速率比 CK_0 处理分别提高 47.13%、32.56% 和 15.59%，比 CK 处理分别降低 17.42%、29.19% 和 1.68%。

表 2-8　不同肥料处理下秸秆平均释放速率 [mg/(g · d)]

处理		腐解时间（d）			
		0 ～ 30	30 ～ 60	60 ～ 90	90 ～ 120
CK_0	N	1.74×10^{-2}	0.37×10^{-2}	2.02×10^{-2}	1.75×10^{-2}
CK		3.10×10^{-2}	3.92×10^{-2}	1.32×10^{-2}	0.82×10^{-2}
F_{50}		2.56×10^{-2}	2.51×10^{-2}	1.11×10^{-2}	2.69×10^{-2}
CK_0	P	0.86×10^{-2}	0.08×10^{-2}	0.19×10^{-2}	0.09×10^{-2}
CK		1.61×10^{-2}	0.16×10^{-2}	0.22×10^{-2}	0.21×10^{-2}
F_{50}		1.14×10^{-2}	0.19×10^{-2}	0.02×10^{-2}	0.07×10^{-2}
CK_0	K	48.23×10^{-2}	10.37×10^{-2}	1.18×10^{-2}	1.57×10^{-2}
CK		56.70×10^{-2}	4.41×10^{-2}	1.47×10^{-2}	1.13×10^{-2}
F_{50}		55.75×10^{-2}	3.25×10^{-2}	3.02×10^{-2}	0.21×10^{-2}

各处理秸秆的纤维素、半纤维素和木质素的累积释放率变化规律相似，如表 2-9 所示，在稻田中经过 12d 的腐解后，不同处理秸秆中纤维素、半纤维素和木质素累积释放率为 32.75 ～ 54.64mg/g。其中，F_{50} 处理秸秆中纤维素、半纤维素和木质素累积释放率比 CK_0 处理分别提高 25.27%、7.11% 和 22.19%，比 CK 处理分别降低 9.28%、2.85% 和 2.99%。

表 2-9　不同肥料处理下秸秆中物质累积释放率（mg/g）

处理		腐解时间（d）				
		0	30	60	90	120
CK_0	纤维素	0	12.62	23.53	24.56	39.57
CK		0	19.00	36.56	53.23	54.64
F_{50}		0	18.98	33.11	39.86	49.57

（续表）

处理		腐解时间（d）				
		0	30	60	90	120
CK_0	半纤维素	0	11.16	16.53	19.73	32.75
CK		0	21.34	29.97	33.23	36.11
F_{50}		0	14.38	23.27	30.52	35.08
CK_0	木质素	0	20.37	34.91	36.25	37.94
CK		0	26.37	39.46	41.62	47.79
F_{50}		0	21.97	36.15	38.32	46.36

如表 2-10 所示，施肥处理提高了秸秆中纤维素、半纤维素和木质素的平均释放速率，与氮、磷、钾相比，纤维素、半纤维素和木质素的平均释放速率在整个腐解期间一直相对较高。在腐解前期（0 ～ 30d），F_{50} 处理秸秆中纤维素、半纤维素和木质素的平均释放速率比 CK_0 处理分别提高 50.33%、28.60% 和 7.84%，比 CK 处理分别降低 0.13%、32.71% 和 16.69%。

表 2-10　不同肥料处理下秸秆平均释放速率［mg/(g·d)］

处理		腐解时间（d）			
		0 ～ 30	30 ～ 60	60 ～ 90	90 ～ 120
CK_0	纤维素	3.17	2.74	0.26	3.76
CK		4.76	4.40	4.18	0.36
F_{50}		4.76	3.55	1.69	2.43
CK_0	半纤维素	1.14	0.55	0.33	1.32
CK		2.17	0.88	0.33	0.29
F_{50}		1.46	0.91	0.74	0.46
CK_0	木质素	1.05	0.75	0.07	0.09
CK		1.36	0.68	0.11	0.32
F_{50}		1.14	0.73	0.11	0.42

秸秆腐解的快慢与它自身的条件和所处的环境有关，秸秆的大小、C/N、成分及周围的环境各不相同，导致秸秆腐解的速度亦有差异。张经廷等

（2018）的研究结果表明，秸秆自身的C/N，尤其是木质素含量是预测秸秆降解动态的重要指标，微生物对有机物降解的适宜C/N为25∶1，C/N过高或过低均会影响微生物对秸秆的分解和秸秆养分的释放。水稻和小麦这些禾本科作物秸秆的碳氮比可达（60～100）∶1都远大于25∶1，因此，微生物分解矿化的速度较慢，同时还需要消耗土壤中的有效氮，所以，在秸秆还田的同时保证一定比例的氮、磷配施，及时补充土壤中的养分，可以加快秸秆在土壤中的转化，提高土壤地力，保证作物产量，进行良性循环生产。本试验结果显示，施肥会促进秸秆腐解，可以降低秸秆的残余率，施肥处理（CK、F_{50}）下秸秆腐解相对较快，CK和F_{50}处理的秸秆残余率显著低于CK_0，分别降低了24.80%和16.43%，且CK和F_{50}处理间差异不显著，CK和F_{50}处理的秸秆腐解50%和95%的理论预测时间比CK_0短，分别少了12d和22d。这与罗文丽（2014）对水稻秸秆的腐解规律（秸秆切碎后加入肥料可以促进秸秆腐解）研究结果一致。

罗文丽（2014）研究表明，秸秆中加入腐熟剂或农家肥均能促进其中氮、磷、钾的释放。本试验结果表明，施用肥料可促进秸秆中氮、磷、钾的累积释放率，肥料减施对钾素累积释放率影响最小，对磷素累积释放率影响最大，氮素和磷素的平均释放速率受肥料的影响相对较大。有研究表明，作物秸秆中含有其所吸收的80%以上的钾素，且秸秆中钾也能提高土壤中速效钾含量，秸秆中钾素较易释放出来，这与钾在秸秆内以离子态存在有关。白由路（2009）研究认为，秸秆还田若再提高10个百分点，可以代替农田中180万t的钾肥。因此，秸秆还田可有效降低农田钾肥的使用量。但需要考虑到秸秆腐解时对氮素的需求，结合秸秆中钾素的释放特征，在以秸秆中钾素作为作物生长需要的主要来源时，应注意氮肥的配合使用。

施用肥料可提高稻田中秸秆纤维素、半纤维素和木质素的累积释放率，其中，纤维素累积释放率对肥料较敏感。本研究中，纤维素、半纤维素和木质素在腐解120d时，累积释放率为32.75～54.64mg/g，释放周期较长。这些纤维素类的碳水化合物是作物秸秆的主要成分，其中纤维素在作物秸秆中的含量更是高达40%～50%，且是秸秆中最难分解的物质，王晓玥（2012）认为，纤维素含量的高低可以显示秸秆腐解进程。秸秆中的这些纤维素类的富碳物质有利于土壤腐殖质的形成，会增加土壤有机质含量，改善土壤物理性状，因此，秸秆还田是维护农田土壤质量的主要措施。许多研究表明，作物秸秆的施用可促进土壤中稳性团聚体的形成，使土壤容重降低、总孔隙度增加，改善土壤结构，增强土壤稳水保肥性能。

综上所述，稻田施用肥料会影响其中小麦秸秆的腐解与释放。施用肥料可促进稻田中小麦秸秆的氮、磷、钾及纤维素类碳水化合物的累积释放率和平均释放速率，且各元素及营养物质的释放特征均不相同。稻麦轮作系统中，稻田的湿度和温度均有利于秸秆的腐解，是小麦秸秆肥料化利用的重要途径。此外，肥料施用时间、稻田水层深度与持续时间等也可能会对秸秆腐解产生影响。

（三）水旱轮作对稻麦秸秆腐解规律的影响

作物秸秆是农业生产中主要的副产物，是一种重要的资源。我国土地辽阔，作物种植量庞大，作物秸秆种类有近 20 种，20 世纪中期我国农作物秸秆产量就超过 7×10^8t，以水稻、小麦、玉米秸秆为主。在现代科学技术飞速发展的大背景下，秸秆作为能源的比重大大减少。收获后的秸秆进行还田处理不仅解决了秸秆焚烧引起的一系列环境问题，还可促进生态系统循环。研究表明，秸秆还田可以改善土壤环境和养分状况，有利于作物生长。还田的作物秸秆可以直接提供碳、氮源，改善大田土壤结构和肥力。秸秆还田对农业、生态环境、资源利用均有改善作用。本试验对山东水稻—小麦轮作区还田后秸秆腐解变化特征进行研究，探明水旱轮作条件下秸秆的腐解规律，为实现农作物秸秆资源的循环利用提供技术参考。

试验中水稻品种为圣稻 18，小麦品种为济麦 22。供试材料为收割后的作物秸秆。水稻于 2017 年 6 月下旬插秧，10 月下旬收获；小麦于 11 月下旬播种，2018 年 6 月上旬收获。水稻收获后取秸秆进行烘干处理后剪至长 3 ～ 5cm，称取 50g 放于尼龙网袋中。网袋规格为 20cm×15cm（长 × 宽），孔径为 100 目。小麦播种前一天将水稻秸秆埋入大田，埋深 10cm 左右。小麦收获后秸秆处理方式同水稻。水稻移栽前一天将小麦秸秆埋入大田，埋深 10cm 左右。水稻施肥：尿素 600kg/hm^2，过磷酸钙 1 125kg/hm^2，氯化钾 128kg/hm^2。氮肥分为基肥、返青肥、分蘖肥和穗肥 4 次施用，比例为基肥 30%、返青肥 20%、分蘖肥 25%、穗肥 25%。磷肥全部基施，钾肥基肥和穗肥各 50%。小麦施肥：尿素 600kg/hm^2，过磷酸钙 562.5kg/hm^2，氯化钾 100kg/hm^2。氮肥分基肥和返青分蘖肥两次各 50% 施用，磷、钾肥全部基施。试验期内，水稻秸秆腐解期间最高温为 35.27℃，最低温为 -1.00℃，月均气温为 2.78 ～ 26.59 ℃，5 ℃以上积温 1 873.52 ℃，10 ℃以上积温 1 654.83℃。小麦秸秆腐解期间最高温为 36.99℃，最低温为 4.11℃，月均气温为 12.21 ～ 28.91℃，5℃以上积温 2 187.15℃，10℃以上积温 2 055.79℃。

稻麦秸秆残余率的变化如图 2-2 所示，随着腐解时间的延长，秸秆残余率在逐渐减少，至试验结束时，水稻和小麦秸秆均有 65% 以上被腐解。并且水稻和小麦秸秆残余率随腐解天数的增加呈现减缓趋势。其中，小麦季水稻秸秆最终残余率为 30.73%，水稻季小麦秸秆最终残余率为 31.53%，两者差别不大。水稻秸秆麦田中总腐解时间为 210d，小麦秸秆稻田中总腐解时间为 120d，相差 90d，说明小麦秸秆的腐解速率比水稻秸秆快。这应该与腐解的环境以及试验期间的温度有关，小麦秸秆是在水田中腐解，且水稻生育期间的日均温相对较高，这都有利于秸秆腐解。

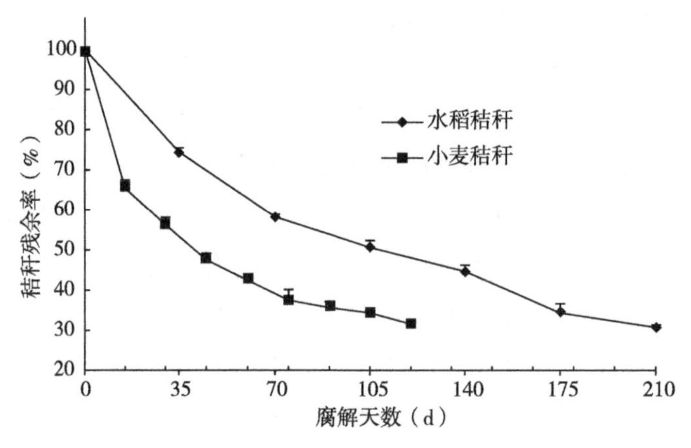

图 2-2　稻麦秸秆残余率变化

水稻秸秆相关指标的释放特征如表 2-11 所示，在整个水稻秸秆腐解过程中，秸秆中钾累积释放率最高，为 90.58%，基本全部释放；其次是氮，累积释放率也达到 60.95%；纤维素和木质素的累积释放率相差不大，分别为 38.77% 和 30.97%；半纤维素和磷的累积释放率最低，分别为 9.04% 和 6.77%。

钾的平均释放速率高峰出现在腐解中期（70 ～ 140d）；氮的平均释放速率呈现降低趋势，高峰出现在腐解初期（0 ～ 70d）；磷的平均释放速率变化不大，高峰出现在腐解后期（140 ～ 210d）；纤维素、半纤维素和木质素的平均释放速率均较高，其中，纤维素的平均释放速率高峰出现在腐解初期（0 ～ 70d），随后呈现逐渐降低的趋势。

表 2-11　水稻秸秆相关指标的释放特征

指标	累积释放率（%）				平均释放速率（g/kg）		
	0d	70d	140d	210d	0 ~ 70d	70 ~ 140d	140 ~ 210d
氮	0	32.81	46.06	60.95	7.76×10^{-2}	3.13×10^{-2}	3.52×10^{-2}
磷	0	1.07	5.79	6.77	0.03×10^{-2}	0.14×10^{-2}	0.17×10^{-2}
钾	0	4.04	86.68	90.58	0.87×10^{-2}	17.73×10^{-2}	0.70×10^{-2}
纤维素	0	20.26	30.33	38.77	1.95	0.97	0.81
半纤维素	0	2.00	6.07	9.04	0.07	0.15	0.11
木质素	0	5.36	14.45	30.97	0.07	0.12	0.21

小麦秸秆在稻田腐解中的累积释放率与水稻秸秆在麦田腐解中的变化规律相似（表 2-12）。小麦秸秆中钾的累积释放率达到 93.64%，氮的累积释放率较低，只有 24.94%，磷的累积释放率为 22.01%，纤维素、半纤维素和木质素的累积释放率差别不大，分别为 25.39%、24.19% 和 39.13%。

表 2-12　小麦秸秆相关指标的释放特征

指标	累积释放率（%）					平均释放速率（g/kg）			
	0d	30d	60d	90d	120d	0 ~ 30d	30 ~ 60d	60 ~ 90d	90 ~ 120d
氮	0	8.95	22.70	22.95	24.94	1.49×10^{-2}	2.29×10^{-2}	0.04×10^{-2}	0.33×10^{-2}
磷	0	9.09	17.93	18.83	22.01	0.20×10^{-2}	0.20×10^{-2}	0.02×10^{-2}	0.07×10^{-2}
钾	0	58.66	88.19	93.33	93.64	38.98×10^{-2}	19.62×10^{-2}	3.42×10^{-2}	0.21×10^{-2}
纤维素	0	5.60	6.87	9.36	25.39	1.14	0.26	0.51	3.26
半纤维素	0	2.38	2.53	6.27	24.19	0.21	0.01	0.14	1.57
木质素	0	18.25	19.93	22.05	39.13	0.75	0.07	0.09	0.70

小麦秸秆中钾的平均释放速率高峰出现在腐解前期（0 ～ 30d），随着腐解时间的延长，平均释放速率呈现降低趋势；氮的平均释放速率呈现先升高后降低趋势，高峰出现在中前期（30 ～ 60d）；磷的平均释放速率变化幅度不大，腐解前期（0 ～ 60d）平均释放速率相对较高；纤维素和半纤维

素的平均释放速率呈现先降低后升高趋势，高峰出现在 90 ～ 120d；木质素的平均释放速率高峰出现在腐解前期（0 ～ 30d），随后进入相对稳定阶段，腐解后期（90 ～ 120d）表现出升高趋势。

秸秆中氮素大致可分为贮存性氮素和结构性氮素，前者包括滞留在秸秆中的硝态氮、铵态氮和一些小分子有机氮（氨基酸、酰胺等），后者主要是难腐解的有机氮，包括叶绿素、蛋白质（酶）、核酸、胺类、氨基化合物和各种维生素中的氮。贮存性氮素很容易从秸秆中释放，但占比较小；结构性氮素是秸秆氮素的主要组分，必须先经微生物矿化为无机氮才能逐渐释放，且释放速率较慢。秸秆本身含钾较多，且大部分以离子态存在，易溶于水，也易释放出来，因此秸秆中钾的释放与水分条件密切相关。作物秸秆主要由纤维素、木质素、蛋白质、醇溶性物质、水溶性物质等成分组成，其中纤维素和木质素的含量最多。C/N 低的水稻秸秆较容易分解，但对土壤有机质的累积作用小。水稻秸秆含水量较高时即新鲜稻秆，分解较快。

氮素对农作物生长具有重要作用，农业生产必须施用大量化肥或有机肥来培肥地力。化肥氮不能长时间在土壤中留存，有机肥才是培育土壤氮素肥力的根本途径。随着农业生产的发展，稻麦产量增加的同时作物秸秆也逐年增多。有研究表明，C/N 会显著影响氮素的有效性，C/N 小，对土壤氮素的供应能力大；C/N 大，对土壤氮素的供应能力低。稻麦秸秆的 C/N 高，碳源相对较丰富，直接施入土壤会刺激微生物迅猛活动，导致有效氮大量被微生物固持。因此，在还田初期，土壤中氮含量会降低，经过一段时间的秸秆分解，C/N 降低，土壤无机氮由净固定转向净释放，会提高土壤含氮量。

农作物秸秆中含有大量矿质元素，比如碳、磷、钾、氮、钙、镁、硫、硅等元素，同时也含有大量的纤维素、半纤维素、木质素、蛋白质等有机物质。本试验结果表明，结束腐解期（水稻 210d、小麦 120d），水稻和小麦秸秆 65% 以上已腐解；水稻秸秆中氮、磷、钾、纤维素、半纤维素、木质素分别释放 60.95%、6.77%、90.58% 、38.77%、9.04%、30.97%；小麦秸秆中氮、磷、钾、纤维素、半纤维素、木质素分别释放 24.94%、22.01%、93.64%、25.39%、24.19%、39.13%。秸秆中氮、磷、钾养分的累积释放率要高于纤维素、半纤维素、木质素等。其中，水稻和小麦秸秆中钾元素的累积释放率均达 90% 以上，磷元素的累积释放率相对较低。与小麦秸秆中氮累积释放率（24.94%）相比，水稻秸秆中氮累积释放率（60.95%）明显升高，不考虑禾本科作物间秸秆成分的差异，表明氮的累积释放率对水分和温度的要求相对较高（与钾、磷相比较）。本试验中，水稻秸秆中氮的平均释放速率高峰出现在腐解初期（0 ～ 70d）后，随后呈现降低趋势，钾的平均释放速率呈现先升高后降低的趋势。小麦秸秆中氮的平均释放速率呈现先升高后降低趋势，钾的平均释放速率高峰出现在腐解前期（0 ～ 30d），随后呈现降低趋势。水稻和小麦秸秆的磷元素平均释放速率变化不大。本试验发现，水稻和小麦秸秆中纤维素、半纤维素、木质素的平均释放速率明显高于氮、磷、钾元素，这可能与作物秸秆中纤维素、半纤维素和木质素含量较高有较大关系。

（四）配套试验装置的研究

水稻在整个生育期内，大部分时间都保持有水层，稻田水对水稻生长发育至关重要，也对水稻的肥料吸收发挥着巨大作用，为方便对水稻田间水的取样、检测、分析，便于研究水稻田间水与水稻肥料吸收、生长发育之间的关系，在试验取样过程中，研究了一种便于水稻田间水分分析取样的装置，以便于对水稻田间水的取样。

该装置包括：把手，在把手上设有第一扳机和第二扳机；取样杆，取样杆与把手固定连接，取样杆的内腔包括移动腔和输送腔，在移动腔顶部放入取样管，在取样杆内设有上下设置的管夹和托板，管夹和托板的第一端均置于移动腔内，管夹和托板的第二端置于输送腔内，管夹用于夹持取样管；输送机构，输送机构设置在输送腔内用于驱使管夹的上下移动，抠动第二扳机时，输送机构处于工作状态；驱动机构，驱动机构设置在输送腔内，抠动第一扳机时驱动机构动作驱使管夹第一端张开，松开第一扳机后驱动机构撤销对管夹的作用。

所述管夹包括一对铰接连接的夹板、设置在两夹板之间的扭簧，夹板的第一端为夹持部，夹板的第二端固定有斜板；驱动机构驱动两斜块的靠近，进而使夹板第一端远离。输送机构包括转动安装在输送腔内且上下设置的一对输送轮、设置在两输送轮之间的输送链、驱动上方输送轮转动的输送电机，输送链与管夹和托板的第二端固定连接。驱动机构包括固定在输送腔顶部的固定板、固定在固定板底部的弹簧、固定在弹簧下端的驱动块、与驱动块下部系在一起的拉线、转动安装在输送腔内的线轮、与线轮同轴设置的从动齿轮、与从动齿轮啮合的主动齿轮，主动齿轮与第一扳机固定连接；在驱动块上固定有两根延伸杆，在延伸杆上设有与斜块接触的驱动斜面。取样杆的下端伸入隔离罩内，隔离罩的侧壁为网状结构。取样管一端敞口，另一端封口，在取样管的敞口端固定有中空的端盖，在位于取样管内的端盖一端设有锥形孔，锥形孔内壁为密封面，在取样管内放置有密封球；取样管内水位上升后在水浮力的作用下密封球与密封面接触实现对取样管的密封。

二、不同直播方式对出苗状况的影响

水稻的栽培方式分为移栽和直播。直播作为一种古老的稻作技术，在水稻移栽技术出现之后开始逐渐萎缩。近年来，在劳动力缺乏的情况下，部分水稻种植地区开始逐步尝试进行直播。直播稻一般分为旱直播和水直播两大类型，水直播主要分布于长江中下游稻作区。水稻的直播技术尚未成熟，很多地区依然延续着传统方式，这种方式具有难齐苗、易受淹、杂草及病虫害严重、易倒伏等弊端。此外，直播稻由于没有缓苗期以及环境条件等方面的不同，其分蘖发生、成穗特点、生产力和对产量的贡献与移栽稻存在差异。由于水稻直播播期迟，生育期短，温光资源利用少，易造成群体偏大、单茎生长量小、根系分布较浅、易倒伏等，不利于直播稻高产的形成。

目前，关于直播稻的研究主要集中在机械直播、养分管理、生育进程、分蘖动态及物质积累与分配方面。本试验主要研究旱直播和水直播对水稻出苗率及幼苗生长情况的影响。试验选取发芽势为94.3%、发芽率为97.0%的种子，取大田的水稻土在培养箱内进行，培养箱大小为60cm×37cm×15cm，土层的厚度为4cm。挑选饱满、大小均匀的种子，每处理设3个重复，每个重复100粒。试验设置6个处理，分别为H0：播种深度为0cm，无水层（表层土壤湿润）；H1：播种深度为1cm，无水层（表层土壤湿润）；H2：播种深度为2cm，无水层（表层土壤湿润）；H3：播种深度为3cm，无水层（表层土壤湿润）；W5：播种深度为0cm，水层深度5cm；W10：播种深度为0cm，水层深度10cm。播种后18d统计出苗率。

播种后 18d、22d、26d 测定株高、地上部鲜重与干重，每处理每重复取样 10 株。

（一）不同直播方式对水稻出苗率的影响

播种后 18d，旱直播播深为 0cm、1cm、2cm 的处理出苗率均在 70% 以上，H0 最高为 87.2%，且随播深增加呈下降趋势（图 2–3）。水直播时，随着水层加深出苗率呈下降趋势，W10 处理只为 33.7%，已无法满足大田生产的需要。旱直播条件下，H1、H2、H3 处理比 H0 的出苗率降低 10.9% ～ 36.9%；水直播处理中，W5 和 W10 比 H0 处理的出苗率分别降低 30.8%、64.8%。由此可见，与旱直播相比，水直播的水层深度对水稻出苗率影响相对较大。当播种深度≥3cm 或水层深度≥10cm 时，水稻的出苗率较低。

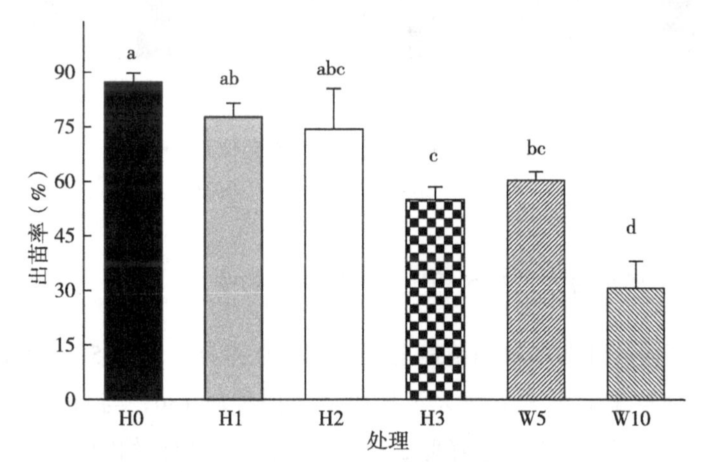

图 2–3 不同直播方式对出苗率的影响

注：小写字母表示差异显著水平（$P<0.05$）。

（二）不同直播方式对水稻株高的影响

不同直播处理的水稻幼苗株高存在差异（图 2–4），且水直播对水稻株高的影响显著大于旱直播。播种后 18d，与 H0 相比，不同直播处理的幼苗株高降低 8.9% ～ 45.2%，旱直播处理之间差异不显著，水直播处理之间差异显著。播种后 22d，与 H0 相比，旱直播处理的幼苗株高增加 9.8% ～ 20.1%，水直播 W5 和 W10 处理的幼苗株高分别降低 18.1%、

28.4%，即随播种深度增加，幼苗株高有增加趋势，H2 和 H3 间差异不显著，水直播 W5 和 W10 处理间差异显著。播种后 26d，与 H0 相比，旱直播处理幼苗株高增加 12.0% ～ 26.6%，水直播 W5 和 W10 处理的幼苗株高分别降低 2.9%、17.8%，幼苗株高随旱直播深度增加而增加，水直播处理间差异不显著。

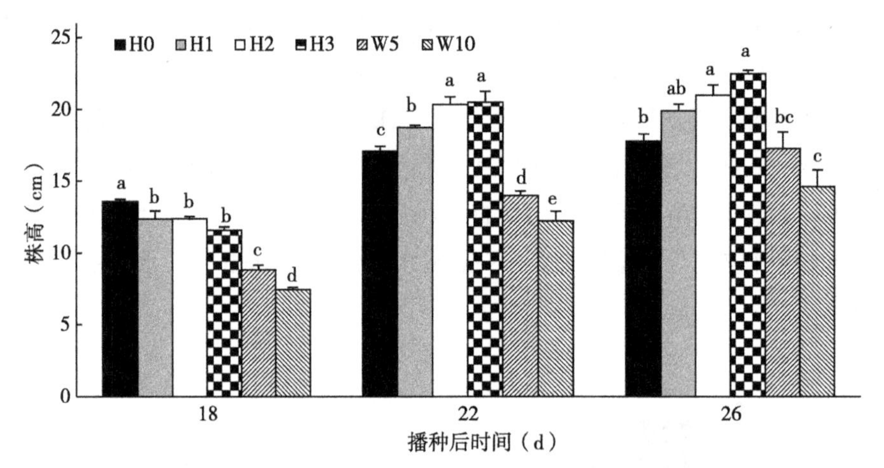

图 2-4　不同直播方式对水稻幼苗株高的影响

注：小写字母表示差异显著水平（$P<0.05$）。

（三）不同直播方式对水稻地上部鲜重的影响

不同直播处理的水稻幼苗地上部鲜重存在差异（图 2-5），且水直播对水稻地上部鲜重的影响显著大于旱直播。播种后 18d，与 H0 相比，不同处理的水稻幼苗地上部鲜重降低 3.3% ～ 57.3%，旱直播和水直播处理间差异显著，但是不同旱直播处理之间、不同水直播处理之间差异不显著。播种后 22d，与 H0 相比，旱直播处理的幼苗地上部鲜重增加 0 ～ 19.6%，即幼苗地上部鲜重随播种深度的增加而增加，水直播 W5 和 W10 处理分别降低 29.8%、41.8%，H0 和 H1、H2 和 H3 处理间差异不显著，水直播处理之间差异也不显著。播种后 26d，与 H0 相比，旱直播处理的地上部鲜重增加 6.0% ～ 40.1%，即植株地上部鲜重随播深增加而增加，水直播 W5 和 W10 处理分别降低 11.1%、30.8%，旱直播处理间差异显著，水直播处理间差异不显著。

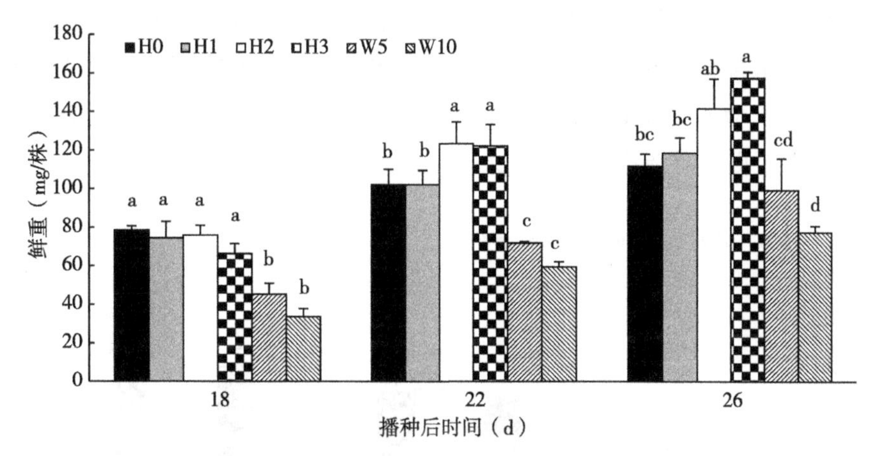

图 2-5　不同直播方式对水稻幼苗鲜重的影响

注：小写字母表示差异显著水平（$P<0.05$）。

（四）不同直播方式对水稻地上部干重的影响

不同直播方式的水稻幼苗地上部干重存在差异（图 2-6），且水直播对水稻地上部干重的影响显著大于旱直播。播种后 18d，与 H0 相比，不同播种方式的水稻幼苗地上部干重降低 9.5% ～ 61.6%，旱直播与水直播处理间差异显著，但是不同旱直播处理间、不同水直播处理间差异不显著。播种后 22d，与 H0 相比，水直播 W5 和 W10 处理的幼苗地上部干重分别降低 39.5%、49.3%，旱直播和水直播处理间差异显著，但是不同旱直播处理间、不同水直播处理间差异不显著。播种后 26d，与 H0 相比，旱直播处理的地上部干重增加 6.4% ～ 42.4%，即植株地上部干重随旱直播播深的增加而增加，水直播 W5 和 W10 处理分别降低 23.6%、37.9%，即随水直播水层深度增加而降低，不同旱直播处理间有差异显著，不同水直播处理间差异不显著。

旱直播的播种深度是影响水稻出苗率高低的重要因素。播种深度 1 ～ 2cm 的机械旱直播水稻可以保证基本苗数，有利于后期保持足够的高峰苗数和有效穗数，播种偏深是导致直播稻基本苗严重不足的因素之一。新疆进行的播种深度对水稻出苗的影响结果也同样表明，播种深度≤ 2cm 的旱直播处理产量最高。江苏进行的播种深度的试验结果表明，无论浸种催芽与否，播种深度是直接影响旱直播水稻成苗率高低的重要因素，水稻种子的出苗率随播种深度的增加而降低，播种深度在 1 ～ 3cm 间出苗率变化不大。水直播条件下，水层深度对水稻出苗率的影响较显著，出苗率随水层深度的增加而降低。田间保持水层深度主要是控制稻田杂草，较深的水层能有效提高对杂草的防除效果。

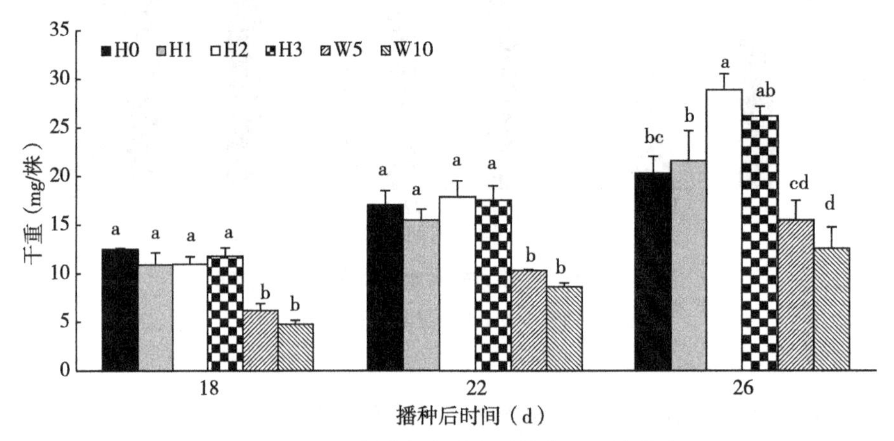

图 2-6　不同直播方式对水稻幼苗干重的影响

注：小写字母表示差异显著水平（$P<0.05$）。

本研究结果表明，旱直播和水直播对水稻的出苗有很大的影响。H0 处理出苗率最高，随着旱直播播种深度和水直播水层深度的增加，水稻的出苗率降低，具体表现为 H1 ＞ H2 ＞ W5 ＞ H3 ＞ W10，且出苗率受水直播水层深度的影响较大。不同直播方式对水稻幼苗株高、地上部鲜重和干重的影响差异较大。播种后 18d，株高、地上部鲜重和干重随旱直播播种深度和水直播水层深度的增加而降低，具体表现为 H0 处理的株高最高，地上部鲜重和干重最大。播种后 22d、26d，随着旱直播播深增加，水稻株高、地上部鲜重和干重开始表现出增加趋势，H2 和 H3 处理差异不显著，随着水直播处理水层深度的增加，水稻株高、地上部鲜重和干重表现出降低趋势，具体表现为 H0 ＞ W5 ＞ W10。综合以上分析，水直播处理对水稻出苗率、株高、地上部鲜重和干重的影响大于旱直播处理，旱直播的播种深度在 2 ～ 3cm 和水直播水层深度＜ 5cm 时水稻的出苗及幼苗建成较好。在试验的代表性、精确性和完整性方面仍有很大的提升空间，试验所得到的结论有待于进一步验证和完善。

第三节　土壤盐含量对水稻生长的影响

水稻是我国最重要的粮食作物之一，也是改良盐碱地的先锋作物。研究表明，盐碱地种植水稻是治理、改良和利用盐碱化土壤的有效途径，同时也是提高盐碱地粮食生产能力和改善农业生态环境的有效途径之一。黄河三角洲地区有近 800 万亩未利用的盐碱地和 1 100 多万亩中低产田亟待开发利用，利用水稻进行盐碱地的改良对解决我国粮食安全问题具有重要的战略意义。黄河三角洲盐碱地区种植旱作地物常因盐碱渍害失收，生产中一般通过洗盐、压盐等方法降低土壤盐浓度，通过种植水稻，可有效洗盐压碱，改良土壤，使重度盐碱地改良为中、轻度盐碱地，最终将中低产田改良为稳产高产田。因此，选育和鉴定耐盐水稻品种是解决盐碱地水稻种植的首要问题。其中水稻种质资源耐盐性的筛选、鉴定与评价方法是这个环节中首先要解决的技术问题，因此，建立水稻耐盐性的鉴定指标体系，对目前生产上表现较好的稳定品种进行耐盐能力的鉴定及推广，将产生巨大的经济效益、社会效益和生态效益。

一、盐胁迫对水稻种子发芽及幼苗生长的影响

（一）不同浓度盐胁迫对水稻种子发芽及幼苗生长的影响

土壤盐碱化是全球面临的共同问题，根据联合国粮食及农业组织（FAO）于 2021 年 10 月 20 日发布的全球盐渍土壤分布图（包含 118 个国家 257 419 个监测点）估计，全球盐渍土壤面积逾 8.33 亿 hm^2（占地球面积的 8.7%），其中大多分布在非洲、亚洲和拉丁美洲的自然干旱或半干旱地带，各大洲均有 20% ～ 50% 的灌溉土壤盐度过高。我国是盐碱地危害比较严重的国家，盐碱地所占比例明显高于世界平均水平。我国耕地资源紧张，盐碱地面积为 9 913 万 hm^2，严重制约着农业的发展。黄河三角洲地区有近 53.3 万 hm^2 未利用的盐碱地和 73.3 万 hm^2 中低产田亟待开发利用。同时，由于全球气候变化，极端事件（暴雨、海水入侵）时有发生，盐胁迫逐渐成为限制作物产量的重要因素。

种子的萌发和幼苗建成是水稻个体发育的重要阶段，而种子的萌发主

要受内外环境因素的调控，其中内部因素包括种子的休眠、是否成熟及种皮的限制等；外部因素包括光、温、水、氧气和化学物质等，通常外部环境胁迫是限制种子萌发的重要因素，盐害是重要的不利环境因素之一。对水稻种子来说，盐分抑制种子萌发，且发芽率与盐分浓度呈显著负相关。幼苗建成对作物生产起着关键性作用，盐胁迫抑制植物根系生长，减少地上、地下部分干物质积累量，影响幼苗抗氧化酶活性，导致丙二醛含量增加，破坏叶绿素合成，降低光合特性，从而制约农业生产。因此，盐胁迫对幼苗的影响一直是抗逆研究所关注的重要课题。

了解和挖掘作物本身的耐盐能力，筛选和培育出耐盐的品种是开发利用盐碱地最为经济有效的途径。本试验以常规粳稻品种圣稻 19 为材料，对不同盐胁迫下水稻种子的萌发与幼苗建成进行研究，了解不同浓度的盐处理对水稻种子发芽和幼苗生长的影响。

试验选取常规粳稻品种圣稻 19，选取籽粒饱满、大小一致的种子，经 2.5% 次氯酸钠消毒 15min，蒸馏水冲洗干净，将种子分别置于直径为 9cm 铺有 1 层滤纸的培养皿内，设置不同 NaCl 浓度（0mmol/L、80mmol/L、120mmol/L、160mmol/L）进行浸种催芽。每处理设 3 次重复，每重复 100 粒种子。培养皿置于人工气候箱，保持培养皿水分充足。

由表 2–13 可知，NaCl 处理显著降低了发芽势、发芽率和萌发指数，并且延长了平均发芽时间。随着 NaCl 处理浓度的增加，种子的发芽势、发芽率和萌发指数呈降低趋势。与对照 CK 相比，80mmol/L 以上 NaCl 处理的发芽势降低了 2.04% ～ 15.06%，发芽率降低了 2.01% ～ 11.98%，萌发指数降低了 16.66% ～ 37.50%，平均发芽时间延长了 34.57% ～ 88.07%。可以看出，试验中 80mmol/L、120mmol/L、160mmol/L 的 NaCl 处理均对水稻种子的平均发芽时间具有明显的抑制作用。

表 2–13　不同浓度 NaCl 处理对种子发芽指标的影响

NaCl 浓度（mmol/L）	发芽势（%）	发芽率（%）	萌发指数	平均发芽时间（d）
0（CK）	98.00 a	99.33 a	32.24 a	2.43 d
80	96.00 ab	97.33 ab	26.87 b	3.27 c
120	89.67 c	95.67 b	23.03 bc	3.97 b
160	83.24 d	87.43 c	20.15 c	4.57 a

注：同列数据后不同小写字母表示差异显著（$P<0.05$）。

水稻株高对不同浓度NaCl处理的响应不同（图2-7）。其中，与对照（CK）相比，浸种后10d，低浓度的NaCl（80mmol/L）处理幼苗株高降低35.71%，且差异不显著；浸种后13d、16d，低浓度NaCl（80mmol/L）处理幼苗株高分别降低了30.49%、16.44%，且差异显著；浸种后19d，低浓度NaCl（80mmol/L）处理幼苗株高降低3.05%，且差异不显著。与对照相比，浸种后10d、13d、16d、19d中高浓度的NaCl（120mmol/L、160mmol/L）处理，幼苗株高分别降低了63.89%和70.24%、55.88%和78.05%、30.74%和59.68%、18.40%和56.64%，且差异显著（$P<0.05$）。因此，低浓度的NaCl（80mmol/L）处理对水稻幼苗株高的影响不显著。

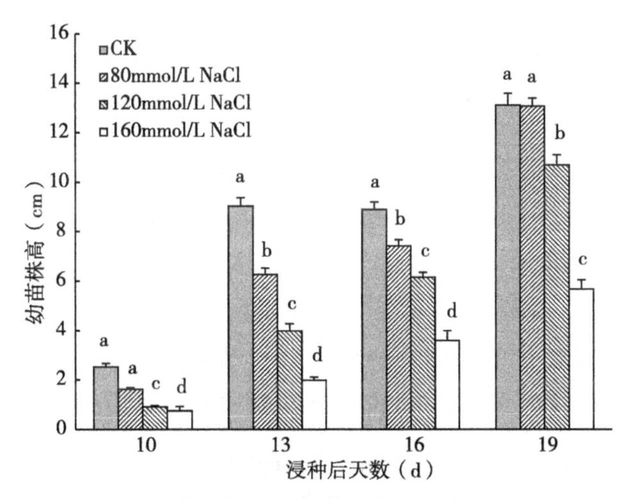

图2-7　不同浓度NaCl处理对幼苗株高的影响

注：同列数据后不同小写字母表示差异显著（$P<0.05$）。

由图2-8可知，与对照相比，浸种后10d、13d、16d，低浓度的NaCl（80mmol/L）处理幼苗根长分别降低5.63%、9.13%、2.03%，且差异不显著；浸种后19d，低浓度的NaCl（80mmol/L）处理，幼苗根长降低了20.31%，且差异显著（$P<0.05$）。与对照相比，浸种后10d、13d、16d、19d中高浓度的NaCl（120mmol/L、160mmol/L）处理，幼苗根长分别降低了69.53%和93.60%、55.10%和74.34%、43.03%和71.43%、30.06%和68.56%，且差异显著（$P<0.05$）。

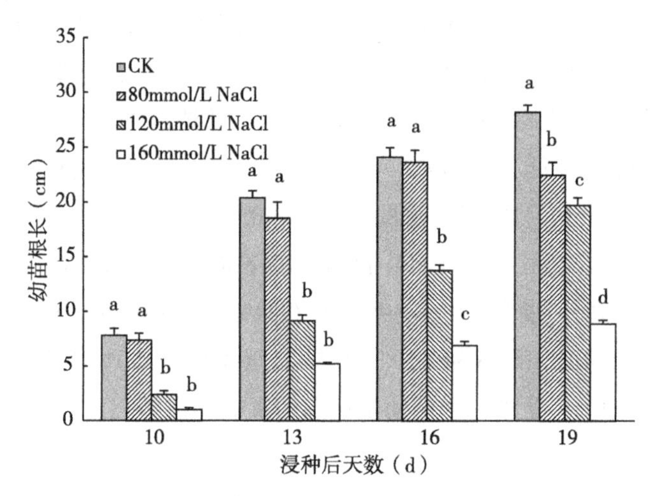

图 2-8　不同浓度 NaCl 处理对幼苗株高的影响

注：同列数据后不同小写字母表示差异显著（$P<0.05$）。

不同浓度NaCl胁迫对水稻幼苗鲜质量的影响结果见表2-14，与对照相比，浸种后10d幼苗鲜质量降低了21.60%～37.22%，浸种后13d幼苗鲜质量降低了9.50%～52.85%，浸种后16d幼苗鲜质量降低了5.14%～37.24%，浸种后19d幼苗鲜质量降低了1.76%～34.39%。随着幼苗的生长，低浓度NaCl（80mmol/L）处理对幼苗鲜质量的抑制作用越来越弱，而高浓度NaCl（160mmol/L）处理对幼苗鲜质量具有明显的抑制。

表 2-14　不同浓度 NaCl 处理对幼苗鲜质量的影响

NaCl 浓度（mmol/L）	鲜质量（mg/株）			
	10d	13d	16d	19d
0（CK）	58.19 a	118.94 a	135.79 a	146.74 a
80	45.62 b	107.65 b	128.81 ab	144.16 ab
120	41.36 b	73.55 c	119.81 b	122.87 b
160	36.53 c	56.08 d	85.22 c	96.28 c

注：同数列后不同小写字母表示差异显著水平（$P<0.05$）。

种子的萌发和幼苗建成是水稻对盐胁迫相对敏感的时期。因此，了解水稻幼苗对盐胁迫的响应尤为重要。本研究选用不同浓度的NaCl溶液模拟不同的盐胁迫环境，分析种子萌发及幼苗建成差异。研究结果表明，圣稻19种子的发芽势、发芽率、萌发指数、平均发芽时间以及幼苗的株高、根长、鲜质量均随着盐分浓度增大呈现下降的趋势。前人的研究结果表明，水稻种子发芽情况受浓度影响差异较大，适当的盐胁迫浓度对水稻种子萌发与幼苗建成影响不显著，当盐分浓度高于临界值时会受到抑制。本研究结果表明，低浓度的 NaCl（80mmol/L）处理对种子萌发和幼苗建成无显著差异；高浓度的 NaCl（160mmol/L）处理对种子萌发的影响无显著差异，但是对幼苗建成的影响差异显著，其中，浸种后 19d 幼苗的鲜质量降低了 34.39%，株高降低了 56.64%，根长降低了 68.56%。

水稻由淡水植物演化而来，属于不耐盐的植物，水稻对盐胁迫表现为中度敏感。盐对水稻生长的危害主要表现在渗透胁迫和离子毒害。盐浓度的升高会导致水稻种子吸水困难，从而导致种子萌发时间延长。在水稻的幼苗建成阶段，当植株周围盐浓度较高时，侧根数明显减少，根长显著缩短，根部组织吸收水分和养分的能力降低，地上部分的生长量随之减少。并且通过根部的吸收和运输，植物体内会形成离子毒害进而干扰养分平衡，引起叶片伤害和植株死亡。郭望模等（2004）认为，选择 170mmol/L NaCl 处理 10d 的发芽率作为指标能够比较准确地鉴别水稻的芽期耐盐能力。本试验中，高浓度 NaCl（160mmol/L）处理下，种子的发芽势、发芽率、萌发指数和平均萌发时间均差异显著，且在幼苗建成阶段（10 ～ 19d）鲜质量、株高、根长等指标差异显著。

（二）水稻苗期耐盐指标筛选

本研究选取黄河三角洲地带的高盐和低盐土，通过配制不同盐浓度的土壤，在室内进行水稻苗期的耐盐性鉴定，客观反映了水稻品种间耐盐性差异，排除了实验室配制 NaCl 溶液无法模拟土壤环境及田间盐碱地胁迫条件不易达到一致对试验结果的影响，具有条件可控、周期短、效率高等优点。本试验通过考察水稻苗期形态和生理指标，运用主成分分析和逐步回归分析，筛选水稻苗期耐盐指标。试验选取黄河三角洲（东营河口区孤岛镇）试验站内高盐土（1.66%）和低盐土（0.08%）作为试验用土。试验设两个处理，处理是 0.34% 的盐浓度，用高盐土与低盐土按照质量之比混合配制盐浓度为 0.34% 的试验用土；对照为低盐土。选用日本晴、海稻 86、盐丰 47、关东 51、112、盐粳 456、盐粳 377 散、盐粳 377 紧、盐粳 218、盐 44、盐粳 431、临沂塘稻 12 个品种（系）为供试材料。种子置于培养皿中在30℃催芽，待种子露白后，移至塑料培养箱中，培养箱的规格为40cm×26cm×5cm，土层厚度3cm。

从表2–15可以看出，在0.34%的盐浓度下，海稻86各单项指标耐盐指数的累计值为最大，供试品种（系）幼苗性状均发生不同程度的变化。其中各品种（系）的叶绿素b、POD均下降，其余指标的变化不一致。同一品种（系）各性状的耐盐指数存在较大差异，说明各性状指标对盐胁迫的敏感程度不同，下降或增加的幅度有很大的差异性，且所测指标间的关系复杂。因此，如果只根据某一指标的数据得出耐盐性大小，其结论必然有一定的片面性。各指标耐盐指数的相关性分析结果表明（表2–16），所有指标间都存在着或大或小的相关性，叶绿素a和叶绿素b呈现极显著相关，干重、鲜重和SOD三者之间均为极显著相关。说明，这些指标所提供的信息发生了部分的重叠。同时，由于不同水稻品种的耐盐机制不尽相同，所以，直接根据这些指标很难鉴定某一品种的耐盐能力。

表2–15　各单项指标的耐盐指数

品种	叶绿素a	株高	鲜重	叶绿素b	干重	类胡萝卜素	丙二醛	超氧化物歧化酶活性（SOD）	过氧化物酶活性（POD）
日本晴	1.015	0.965	0.816	0.639	0.697	0.913	0.809	0.855	0.157
海稻86	1.521	2.032	2.001	0.923	1.915	1.002	0.546	0.456	0.095
盐丰47	0.950	1.028	0.542	0.575	0.689	1.110	1.214	0.966	0.192
关东51	0.989	0.954	0.745	0.600	0.604	1.253	0.656	1.085	0.251
112	0.986	0.812	0.566	0.577	0.399	1.106	1.588	1.099	0.137
盐粳456	0.775	0.564	0.770	0.450	0.911	0.708	1.216	0.969	0.549
盐粳377散	0.828	0.485	0.754	0.480	0.705	0.833	0.860	0.759	0.173
盐粳377紧	0.944	0.987	0.868	0.555	0.781	1.245	1.399	0.996	0.293
盐粳218	0.954	0.875	1.168	0.576	1.023	0.895	0.774	0.933	0.344
盐44	0.819	0.683	0.811	0.495	0.849	1.052	1.341	0.866	0.550
盐粳431	0.651	0.741	0.971	0.384	0.966	1.098	0.990	0.822	0.281
临沂塘稻	0.593	1.067	1.160	0.353	0.904	0.566	1.372	0.703	0.488

表 2-16　各指标的相关系数矩阵

	叶绿素 a	株高	鲜重	叶绿素 b	干重	类胡萝卜素	丙二醛	超氧化物歧化酶活性
株高	0.780*	1						
鲜重	0.556*	0.804*	1					
叶绿素 b	0.997**	0.790*	0.558*	1				
干重	0.559*	0.756*	0.949**	0.558*	1			
类胡萝卜素	0.356	0.127	−0.205	0.348	−0.175	1		
丙二醛	−0.509*	−0.400	−0.518*	−0.535*	−0.511*	−0.045	1	
超氧化物歧化酶活性	−0.323	−0.604*	−0.826**	−0.332	−0.824**	0.422	0.422	1
过氧化物酶活性	−0.630*	−0.425	−0.127	−0.625*	−0.065	−0.435	0.405	0.123

主成分分析法是在 1933 年由数理统计学家 Hotelling 首先提出，利用降维的方法，在损失很少信息的前提下把多个指标转化为少数几个综合指标，利用转化后的综合指标对数据进行解释，是一种数据的变换。这样既可以减少指标个数还能呈现出各指标之间的联系。通过对水稻苗期 9 个生理和形态学指标的耐盐指数进行主成分分析（表 2-17），可以看出共得到 2 个综合指标（公因子用 F1 和 F2 表示），它们的贡献率分别为 55.588% 和 24.054%，累积的贡献率为 79.643%，其余可忽略不计。这样把原来的 9 个指标转换为 2 个新的相互独立的综合指标，这两个综合指标代表了原始指标所携带的绝大部分信息，同时根据贡献率的大小可知各综合指标的相对重要性。本研究中，第一个综合指标中，鲜重的特征向量值最大，其次为干重，因而称第一个综合指标为形态指标因子；第二个综合指标中，叶绿素 a 的特征向量值最大，其次为叶绿素 b，因而称第二个综合指标为生理指标因子。根据综合指标的系数（表 2-18）和各单项指标的耐盐指数（表 2-17）求出每个品种（系）的 2 个综合指标值（表 2-19）。

表 2–17 各指标的主成分分析及因子贡献率

		特征向量值	特征值	贡献率（%）	累积贡献率（%）
F1	鲜重	0.956	5.003	55.588	55.588
	干重	0.947			
	超氧化物歧化酶活性	–0.916			
	株高	0.74			
	丙二醛	–0.528			
F2	叶绿素 a	0.823	2.165	24.054	79.643
	叶绿素 b	0.821			
	过氧化物酶活性	–0.817			
	类胡萝卜素	0.746			

表 2–18 各综合指标的系数

指标	叶绿素 a	株高	鲜重	叶绿素 b	干重	类胡萝卜素	丙二醛	超氧化物歧化酶活性	过氧化物酶活性
Cl（1）	0.036	0.145	0.253	0.039	0.252	–0.203	–0.100	–0.269	0.082
Cl（2）	0.254	0.108	–0.064	0.252	–0.068	0.332	–0.09	0.145	–0.303

所有品种（系）的综合评价见表 2–19。对于同一综合指标而言，根据各品种（系）隶属函数值的大小，可对其耐盐性进行分级。对于同一综合指标如 Cl（2）而言，在 0.34% 的盐浓度下，海稻 86 的 μ（1）最大，为 1.000，表明此品种在 Cl（2）表现为耐盐性最强，而临沂塘稻的 μ（2）值最小，为 0.000，表明此品种在这一综合指标上表现为耐盐性最差。经计算两个综合指标的权重分别为 0.698 和 0.302。*D* 值为各品种（系）在盐胁迫条件下用综合指标评价所求得的耐盐综合评价值，*D* 值的大小反映了水稻各品种（系）耐盐能力的相对强弱。根据 *D* 值的大小（表 2–19）可对水稻各品种的耐盐能力进行排序，其中海稻 86 的 *D* 值最大，表示该品种对盐的耐受性最强，其次，为盐粳 218、日本晴等。对 *D* 值进行系统聚类，可将 12 个水稻品种（系）划分为两大类。第一类是海稻 86，耐盐性最强；其余为第二类，其中临沂塘稻、关东 51、盐粳 431、盐粳 377 散、盐粳 377 紧、盐丰 47 对盐的耐受性相对最弱（图 2–9）。

表 2-19　各品种（系）综合指标值、权重、μ（x）值、D 值及预测值（VP）

品种（系）	Cl（1）	Cl（2）	μ（1）	μ（2）	D	VP
日本晴	−0.037	0.515	0.314	0.729	0.440	0.444
海稻 86	2.669	1.433	1.000	1.000	1.000	0.995
盐丰 47	−0.688	0.629	0.150	0.763	0.335	0.308
关东 51	−0.750	1.036	0.134	0.883	0.360	0.358
112	−1.278	0.765	0.000	0.803	0.243	0.231
盐粳 456	−0.048	−1.300	0.312	0.194	0.276	0.257
盐粳 377 散	−0.106	−0.333	0.297	0.480	0.352	0.349
盐粳 377 紧	−0.615	0.505	0.168	0.727	0.337	0.331
盐粳 218	0.359	−0.112	0.415	0.545	0.454	0.451
盐 44	−0.219	−0.707	0.268	0.369	0.299	0.313
盐粳 431	−0.082	−0.472	0.303	0.439	0.344	0.335
临沂塘稻	0.795	−1.959	0.525	0.000	0.367	0.384
权重			0.698	0.302		

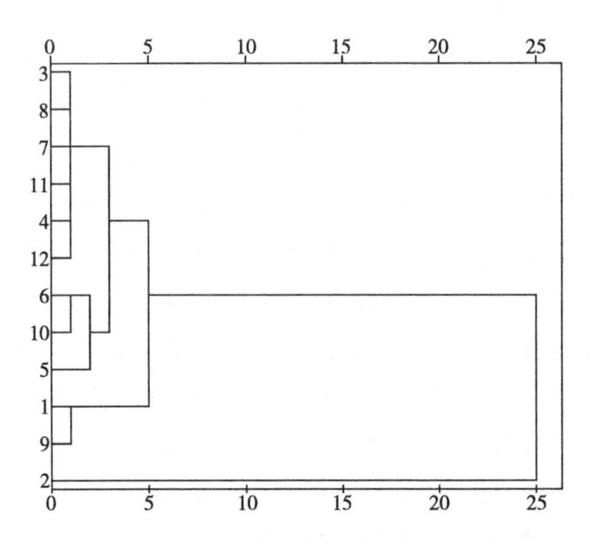

图 2-9　12 个水稻品种（系）的 D 值聚类

把综合评价值（D 值）作因变量，各单项指标的耐盐指数作为自变量，通过多重逐步回归分析，剔除对因变量作用不显著的自变量，建立最优回归方程：

$$D=(24.636+17.608x_1+45.283x_2-28.799x_3-7.558x_4+7.424x_5)\times 10^{-2}$$

式中，x_1、x_2、x_3、x_4、x_5 分别代表鲜重、叶绿素 b、SOD、MDA 和株高的耐盐指数，方程决定系数 $R^2=0.997$，$F=382.111$，各回归系数经检验均达到显著水平。由方程可知，在水稻苗期的 9 个单项指标中，上述 5 个指标受盐胁迫的影响最大，故在鉴定中可有选择地测定这些指标，使工作简化。12 个品种（系）的耐盐预测值与综合评价值（D 值）极显著相关，$r=0.998$，说明用此方程对水稻耐盐能力进行预测，准确性高。

水稻耐盐性的鉴定，通常需在实验室进行。在实验室中多选用中性的 NaCl 溶液或者是碱性的 Na_2CO_3 溶液模拟盐害，以盐害对植株造成的直接伤害为依据，确定水稻材料对盐的耐受性，主要包括发芽指标、形态伤害和生长量等。实验室进行的水稻耐盐性的鉴定操作简便，但是由于引发胁迫的盐分单一，筛选得到的耐盐材料在大田稻区的表现和实验室有一定的差距。在田间进行耐盐性的鉴定，主要是针对全生育期，以大田生产效益最直接、最重要的指标为依据，主要包括成熟期以分蘖的单株为对象考察有效穗数、主穗长、穗重、结实率、粒重和产量。田间进行耐盐鉴定，筛选的材料较符合生产实际，但是由于大田中的盐浓度不一致，易影响最终试验结果。本研究选取黄河三角洲地带高盐和低盐土壤，按照质量之比配制成盐浓度为 0.34% 的试验用土，客观真实地反映了大田的土壤环境，有效克服了实验室配制溶液模拟盐害与实际盐碱环境有差异的缺陷，准确筛选了水稻苗期的耐盐指标，确立了水稻耐盐性的评价指标。

水稻苗期对盐较敏感，株高会受到明显的抑制，具体表现在苗期生长缓慢，植株变矮，干物质积累较少。本试验结果表明，在盐胁迫下，各品种的物质积累与株高均受到不同程度的抑制。盐处理可明显促进膜脂过氧化物的生成，MDA 是植物遭受逆境伤害时膜脂过氧化的产物，可使蛋白质和核酸变性，导致膜流动性降低，膜透性增强，细胞功能下降，严重时会导致细胞死亡。膜脂过氧化水平的高低与植株的耐盐碱性密切相关，所以，MDA 含量是判断细胞遭受胁迫程度大小的常用指标。本研究表明，在 0.34% 的盐浓度处理下，水稻幼苗体内的 MDA 含量升高。叶绿素是植物进行光合作用的物质基础，其含量与叶片光合作用密切相关，叶绿素是由叶绿素 a、叶绿素 b 等组成，叶绿素（a+b）的含量与净光合作用速率呈正相关，在一定范围内，叶绿素含量越高，净光合速率越强。类胡萝卜素是对叶绿素捕获光能的补充，类胡萝卜素主要吸收蓝紫光。本研究结果表明，在 0.34% 盐浓度的处理下，水稻幼苗的叶绿素含量下降，表明在盐胁迫下，水稻植株细胞内离子含量增高，导致叶绿素与叶绿体蛋白间的结合变松弛，从而促进叶绿素被分解。植物在正常代谢过程中，通过多种途径产生活性氧。活性氧可破坏生物大分子的活性构象，影响细胞正常代谢，而 SOD、POD 等可以消除活性氧进而维持其动态平衡。盐胁迫下，植物细胞的质膜透性会增加，活性氧大量积累，各种抗氧化酶活性同时发生变化。本研究结果也表明，在 0.34% 的盐浓度下，SOD 和 POD 的活性均发生变化，其中 SOD 活性受盐胁迫的影响较明显。

关于水稻品种的耐盐性，人们已经从多个生理或形态指标上进行了研究，提出了不同的耐盐性的鉴定指标。由于盐碱本身的胁迫作用和盐碱土中矿质营养分布的不均衡特性，导致了在盐碱条件下水稻的生长发育受影响。在实际生产中，盐碱土对水稻的影响往往是长期的，虽然灌溉前后土壤的盐分会改变，但是其盐分的存在始终是影响水稻生长发育的重要因素。盐碱土壤对水稻的影响是多方面的，国内外众多研究者已筛选出许多与植物耐盐碱相关的指标，但是水稻抗盐碱是由多基因控制的数量遗传性状，受多种因子的影响，且不同品种耐盐碱的能力也不相同，因此，孤立地使用某一指标较难反映其耐盐碱的程度。同时，众多评价指标之间也存在着一定的相关性，导致各个指标反映的信息发生交叉重叠，因此有必要运用多元分析方法对其指标进行综合评价，建立可靠的评价体系。

采用主成分分析法对试验材料的众多性状进行综合分析与评价，已被广泛用于水稻种质资源研究与品种选育，也取得了一定的应用效果。本研究通过对 12 个水稻品种（系）的形态、生理学指标进行主成分分析表明，供试品种（系）不同性状间差异较大。对数据的分析表明，第一主成分的贡献率为 55.588%，其中干重、鲜重的特征向量值相对较高，表明盐分对水稻幼苗的物质积累影响相对较大，在筛选耐盐水稻品种时，可以通过简单直观的表型差异初步判断其耐盐性。通过回归分析，从 9 个单项指标中，筛选出了鲜重、叶绿素 b、SOD、MDA 和株高 5 个对耐盐能力有显著影响的指标，既包含有生理指标又有形态指标，较为合理全面。

（三）配套试验装置研究

本研究在试验过程中进行水稻幼苗培育时发现之前老的试验装置有许多不便利的地方，在使用传统的PCR板作为种子萌发装置时，受限于PCR板的96孔，每个板最多只能放置96个种子，并且效率低。放置种子时需要分辨种子胚的位置，将胚一端朝下（接触水面），而且市售的PCR板是PCR仪器进行PCR扩增试验专用，弧形凹槽是封闭的，作为种子萌发装置使用时需要对PCR板上每一个弧形凹槽进行切割处理，切割太大（种子无法在弧形凹槽内附着）、太小（影响根正常生长）均不行。通过反复摸索，改进了幼苗培育装置的不妥之处，为试验的顺利开展提供了便利条件。并在此基础上，申报并授权了一项国家实用新型专利，一是可以实现对禾本科种子的限位，每粒种子对应一个放置孔且种子置于对应的放置孔中；二是在固定块的作用下托板漂浮于水面，以确保种子与水接触，保证种子发芽；三是可以调节托板入水深度，以满足种子的发芽需求。

装置的具体特征包括：水槽，水槽的前、后、左、右4个侧壁以及水槽底部均不透光；托板，托板置于水槽内，在托板上设有若干放置种子的放置孔；固定块，固定块为泡沫材质，且固定块固定在托板对应的两端上，其中，在固定块的侧壁设有插槽，托板与固定块插接连接。在托板的两端设有插块，插块的设置使托板末端呈“T”字形。放置孔为沉头孔。在水槽的前、后内壁上分别固定有若干对固定板，在固定板上固定有滑杆，在固定块上固定有置于滑杆外侧且与滑杆滑动连接的套管。在托板的下方设有配重板，在托板底部固定有外杆，在配重板顶部固定有内杆，内杆上端置于外杆内且与外杆滑动连接，在配重板顶部设有与放置孔一一对应的清理杆。在托板的两端铰接安装有连接杆，在连接杆的末端设有凸起，固定块与凸起插接连接，连接杆与托板之间设有阻尼件。

（四）配套试验方法研究

本方法主要是为了高效鉴定水稻幼苗耐盐性能，以Hoagland营养液模拟水稻幼苗的培育环境，并通过培育条件的控制，能较为准确、直观地比较水稻各品种的耐盐能力。克服了盐碱地盐浓度分布不均匀和实验室配制氯化钠溶液与实际盐碱环境差距大的缺陷，整个方法具有操作简便、评价标准直观、鉴定结果可靠的优势。

选取水稻种子进行消毒处理，并经清洗后，加水进行浸种培育，备用。选取吸水后饱满、露白的种子置于种子袋中，随机将其分为对照组和处理组，向所述对照组种子袋中加入 Hoagland 营养液［KH_2PO_4：24.8mg/L；$MgSO_4 \cdot 7H_2O$：134.8mg/L；$(NH_4)_2SO_4$：48.2mg/L；KNO_3：18.5mg/L；$Ca(NO_3)_2 \cdot 4H_2O$：86.4mg/L；H_3BO_3：0.185mg/L；$MnCl_2 \cdot 4H_2O$：0.099mg/L；$(NH_4)_6Mo_7O_2 \cdot 4H_2O$：1.236mg/L；$ZnSO_4 \cdot 7H_2O$：0.115mg/L；$CuSO_4 \cdot 5H_2O$：0.05mg/L；Fe（Ⅲ）-EDTA：8.42mg/L］，向所述处理组种子袋中加入含（8±0.5）‰海盐的 1/3 ～ 2/3 浓度的 Hoagland 营养液，并将种子袋置于光照培养箱内进行育种培养。待培养至水稻幼苗出苗期时，分别测量对照组和处理组的株高和根长，以及烘干后的干重。根据处理组与对照组测定的各指标比值的平均数作为耐盐性评价，指标越接近于 1，说明待测植株的耐盐性能越强。

根据此方法也开展了验证试验。选取圣稻 19、盐粳 218、盐粳 47 水稻品种为试验材料进行耐盐性能的鉴定筛选。选取籽粒完整、大小均匀的水稻种子，置于 2.5wt% 的次氯酸钠溶液中浸泡 15min 进行消毒，随后用蒸馏水反复冲洗 3 ～ 5 次至冲洗干净，均匀地摆放在铺有湿润滤纸的培养皿中，随后向培养皿中加入 20mL 蒸馏水，置于培养箱中。控制昼夜温度为 28℃/22℃，不提供光照，进行浸种培养 24h。

选取吸水后饱满、露白的种子，用镊子摆放种子袋中，每袋放置 20 粒种子，并随机将其均分为对照组和处理组；分别向对照组种子袋中加入 15mL 的 1/2 浓度的 Hoagland 营养液，向处理组种子袋中加入 15mL 的 1/2 浓度的 Hoagland 营养液（含海盐，海盐为市售，经海水晒制、结晶而成），设置 4 个海盐的浓度梯度分别为 6‰、7‰、8‰、9‰；并将种子袋置于光照培养箱内进行培养，昼夜温度设为 28℃/22℃，昼夜时间为 13h/11h，光照度为 22 000lx，并每间隔 2d 进行一次营养液的替换。

在光照培养箱内培养 14d，此时，水稻幼苗在 3 叶期，使用直尺测量各品种及处理的株高和根长，并将地上部和根系分别在烘箱中烘干至恒重，烘箱温度设置为 85℃，烘干至恒重后使用万分之一天平测量地上部和根系的重量，记录于表 2-20 中。

表 2-20　水稻幼苗株高、根长、地上部干重和根系干重的统计数据

品种	处理	株高（cm）	根长（cm）	地上部干重（mg）	根系干重（mg）
圣稻 19	对照	10.02	23.39	10.29	6.27
	6‰	8.3	21.57	7.85	5.16
	7‰	6.05	13.34	6.87	3.02
	8‰	2.65	6.19	2.34	1.56
	9‰	1.96	4.57	2.04	1.06
盐粳 218	对照	12.69	25.49	10.95	6.85
	6‰	11.46	25.26	10.25	5.36
	7‰	7.42	12.43	5.63	2.97
	8‰	5.57	9.87	5.07	2.51
	9‰	2.65	5.05	2.12	1.08
盐粳 47	对照	12.65	22.07	11.03	6.35
	6‰	10.91	20.74	10.24	5.21
	7‰	6.86	13.42	6.47	3.41
	8‰	4.62	6.52	3.82	1.81
	9‰	2.57	5.02	2.19	1.13

根据上述数据计算各品种各个指标的处理组与对照组比值，并根据株高、根长、地上部干重和根系干重的比值计算耐盐相对值，结果见表 2-21。

表 2-21　水稻幼苗性能数据计算相对值

处理	品种	株高	根长	地上部干重	根系干重	相对值
6‰	圣稻 19	0.828 3	0.922 2	0.957 2	0.823 0	0.882 7 a
	盐粳 218	0.903 1	0.991 0	0.936 1	0.782 5	0.903 2 a
	盐粳 47	0.862 5	0.939 7	0.928 4	0.820 5	0.887 8 a
7‰	圣稻 19	0.603 8	0.570 3	0.667 6	0.481 7	0.580 9 a
	盐粳 218	0.584 7	0.487 6	0.514 2	0.433 6	0.505 0 a
	盐粳 47	0.542 3	0.608 1	0.586 6	0.537 0	0.568 5 a
8‰	圣稻 19	0.264 5	0.264 6	0.227 4	0.248 8	0.251 3 c
	盐粳 218	0.438 9	0.387 2	0.463 0	0.366 4	0.413 9 a
	盐粳 47	0.365 2	0.295 4	0.346 3	0.285 0	0.323 0 b

（续表）

处理	品种	株高	根长	地上部干重	根系干重	相对值
9‰	圣稻 19	0.195 6	0.195 4	0.198 3	0.169 1	0.189 6 a
	盐粳 218	0.208 8	0.198 1	0.193 6	0.157 7	0.189 6 a
	盐粳 47	0.203 2	0.227 5	0.198 5	0.178 0	0.201 8 a

注：数据均为平均值 ± 标准误差，不同字母表示处理间差异显著（$P < 0.05$）。

根据上述方差分析显示，6‰、7‰和9‰浓度下，各品种之间差异不显著；在8‰盐浓度下，各品种的指标相对值差异显著。因此，选取8‰作为鉴定水稻苗期耐盐性能差异的盐浓度值。而在8‰盐浓度下，圣稻19、盐粳218、盐粳47品种的株高、根长、地上部干重和根系干重与对照组的相对值平均数分别为0.251 3、0.413 9、0.323 0。因此，水稻苗期的耐盐能力排序为盐粳218＞盐粳47＞圣稻19。

同样的3个品种也在室外大田进行了相应的验证。选取籽粒完整、大小均匀的水稻种子（发芽势为95.6%、发芽率为97.8%），置于2.5wt%的次氯酸钠溶液中浸泡15min进行消毒，随后用蒸馏水冲洗干净（冲洗3～5次），均匀的撒播在盆钵（高30cm；上、下直径分别为30cm、29cm）中，播种深度为3cm左右，培养箱中装有风干土15kg。基肥为每盆1.73g尿素（相当于大田120kg/hm^{2}纯氮）、过磷酸钙6.27g（相当于大田132kg/hm^2 P_2O_5），氯化钾2.05g（相当于大田184.5kg/hm^2 K_2O）。穗肥于抽穗前31d一次性水溶施入。试验分对照组和试验组，对照组的盆钵中试验用土为普通耕地土壤（盐含量：0.74‰）；试验组的盆钵内试验用土为东营盐碱地的土壤，取回晒干混匀后装入培养箱中，土壤盐分含量为5.63‰，pH值7.52，随时补充水分（不含盐），保持土壤湿润。播种后14d进行出苗率的统计，播种后30d，进行成苗率的统计，记录如表2-22所示。

表2-22 各品种出苗率及成苗率结果

处理	品种	出苗率（%）	成苗率（%）
对照组	圣稻 19	92.8a±0.69	89.1a±0.75
	盐粳 218	93.7a±0.90	88.7a±0.66
	盐粳 47	92.9a±0.58	88.9a±1.14

（续表）

处理	品种	出苗率（%）	成苗率（%）
试验组	圣稻 19	69.5c±0.56	63.8c±0.38
	盐粳 218	86.5a±0.47	77.3a±0.77
	盐粳 47	80.6b±0.46	73.3b±0.50

注：数据均为平均值 ± 标准误差。

根据试验结果显示，对照组各品种的出苗率均在 92.8% ～ 93.7%，成苗率在 88.7% ～ 89.1%，没有显著差异；而试验组条件下，盐粳 218、盐粳 47 和圣稻 19 的出苗率分别为 86.5%、80.6%、69.5%，成苗率分别为 77.3%、73.3%、63.8%，均表现为盐粳 218 ＞盐粳 47 ＞圣稻 19，且试验组条件下，各品种的出苗率和成苗率均差异显著。因此，各品种耐盐能力为盐粳 218 ＞盐粳 47 ＞圣稻 19，与前面苗期的结果一致。

同时，试验组的圣稻 19 在播种后 70d 左右（抽穗开花前）枯死，随后盐粳 47 的抽穗开花受到影响，盐粳 218 约有 50% 正常抽穗开花，这也显示出耐盐能力的表现为盐粳 218 ＞盐粳 47 ＞圣稻 19，与苗期筛选结果一致。可见，本发明采用以 Hoagland 营养液模拟水稻幼苗的培育环境，并通过培育条件的控制，能较为准确、直观地比较水稻各品种的耐盐能力。克服了盐碱地盐浓度分布不均匀和实验室配置氯化钠溶液与实际盐碱环境差距大的缺陷，整个方法具有操作简便、评价标准直观、鉴定结果可靠的优势。

二、幼苗前期盐锻炼诱导后期耐盐能力形成的生理机制

研究发现，拟南芥中存在一种“stressful memories”，表明植物在逆境条件下不仅可以启动它们自身的保护措施，而且可以产生一定的“记忆”，从而有利于更迅速有效地应对再次出现的胁迫。Conrath（2006）提出了关于逆境锻炼对植物后期抗逆机制的假说，该假说认为植物生长发育前期的逆境适应可以激活沉默的信号蛋白和转录因子，后期再次遇到该逆境时，转录因子会提高相关抗性基因的转录，以抵御逆境。抗逆锻炼是植物处于适当逆境环境下，逐渐形成的对逆境的适应与抵抗能力的方法。对拟南芥的盐胁迫“记忆”调控机制研究表明，转录因子通过结合启动子上游片段

来维持组蛋白甲基化水平，从而调控植物对胁迫的“记忆”。目前，多数研究只局限于对这种现象的发现和表观现象的描述，此方面的机制都是假说，需要进一步研究，并且不同作物对逆境适应的机制也存在差异。为此，本研究拟进行苗期低浓度盐胁迫提高水稻苗期耐盐能力的研究，通过考察不同盐浓度下水稻种子萌发、水稻生理生化与相关基因表达的差异，探讨水稻苗期耐盐能力形成的生理与分子机制，揭示苗期盐锻炼与后期耐盐能力形成之间的规律，为解决水稻生产中的盐胁迫提供新思路。

本试验选用圣稻 19，采用人工控温方式，在苗期进行低浓度的盐胁迫处理，考察幼苗在后期的盐胁迫环境下的发芽状况和幼苗建成，从生理和分子的不同角度，研究水稻苗期光合速率、活性氧产生及清除能力的变化。选取颗粒饱满、重量均匀、发芽率在 95% 以上的圣稻 19 种子进行试验。供试水稻种子用 2.5% 的 NaClO 消毒 15min 后，用流水冲洗干净，在光照培养箱内进行水培试验。设置两个处理：对照和低浓度盐胁迫（80mmol/L）；3 叶期将前面两个处理再分别设两个处理：对照和盐胁迫（160mmol/L），处理时间为 5d。整个试验最终形成 4 个处理：苗期低浓度盐胁迫后期高浓度盐胁迫处理（NN）、苗期低浓度盐胁迫后期无盐胁迫处理（NC）、苗期无盐胁迫后期高浓度盐胁迫处理（CN）、苗期和后期均无盐胁迫处理（CK）。培养条件为昼夜温度 30℃ /24℃，光照时间 14h/d，定时更换营养液。

试验通过调查不同处理下水稻种子的发芽状况与幼苗建成的差异，进而明确萌动期盐锻炼提高水稻苗期耐盐能力的效应。由表 2–23 可以看出，盐处理显著降低了种子发芽势和发芽率。随着盐浓度的升高，水稻种子的发芽势、发芽率、发芽指数都在降低，平均发芽时间随着盐浓度的升高而延长。与清水浸种相比较，NN2（80mmol/L）处理下发芽势的降低幅度最大，降低了 50.36%，发芽率降低了 24.23%，发芽指数降低了 39.28%，平均发芽时间延长了 29.52%。对盐胁迫下各处理每天的发芽数统计结果表明（图 2–10），对照和 NN1（40mmol/L）处理在浸种 4d 时发芽数量达到峰值，而 NN2 处理则延迟一天，发芽数量的峰值相对滞后。

盐处理对种子的胚根和胚芽鞘的伸长均有显著影响。与清水对照相比，NN2（80mmol/L）处理对胚根的影响要大于胚芽鞘。胚根的长度降低了 58.64%，胚芽鞘的长度降低了 41.21%，盐胁迫同时也抑制了种子鲜重的增加，由图 2-11 看出，盐处理下，发芽种子的鲜重随着浓度的增加受抑制的程度在增大。浸种 7d 时，与对照相比，NN2（80mmol/L）的鲜重降低了 20.11%。

表 2-23　盐胁迫对发芽种子的影响

处理	发芽势（%）	发芽率（%）	发芽指数	平均发芽时间（d）	长度（cm）		鲜重（mg）
					胚根	胚芽鞘	
0	93.33±0.33	97.67±0.33	88.84±0.22	4.20±0.01	4.69±0.39	3.64±0.08	79.77±0.09
NN1	67.33±0.67	80.67±0.33	65.53±0.28	4.69±0.00	3.73±0.29	3.01±0.10	68.42±0.05
NN2	46.33±0.33	74.00±0.58	50.48±0.32	5.44±0.02	1.94±0.26	2.14±0.11	63.73±0.06

注：数据均为平均值 ± 标准误差，不同字母表示处理间差异显著（$P < 0.05$）。

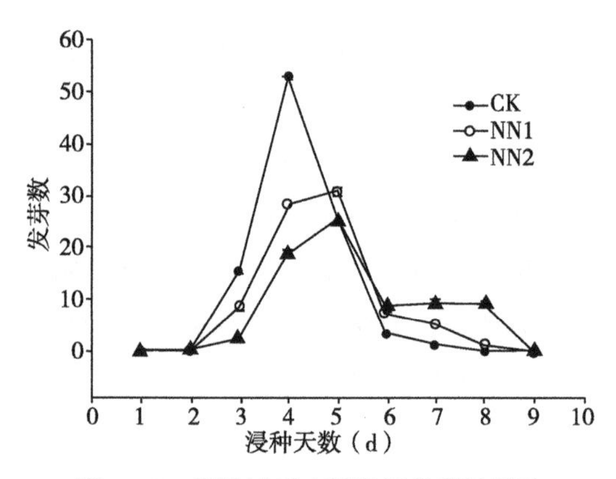

图 2-10　盐胁迫对水稻种子发芽的影响

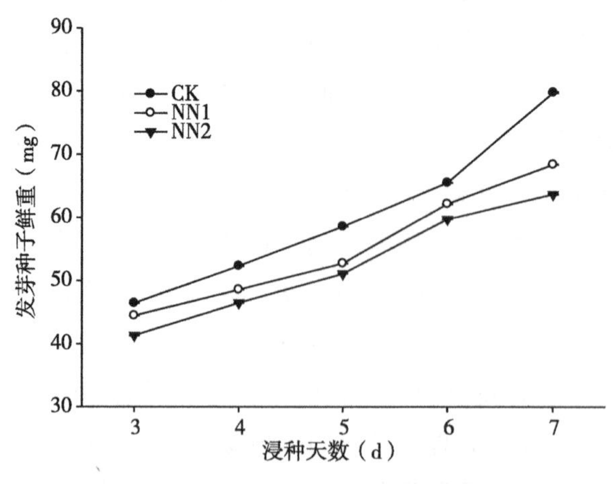

图 2-11　盐胁迫对发芽种子重量的影响

如表 2–24 的结果显示，在盐胁迫处理下（3d 和 5d），与对照（CK）处理相比，CN 和 NN 处理的根长均表现为增加的趋势，其中，经过前期盐锻炼处理的 NN 增加的幅度大，增加了 31.5%。盐胁迫的处理下，与对照（CK）处理相比，CN 和 NN 处理下根数降低。

表 2–24　盐锻炼对其后盐胁迫下水稻幼苗形态指标的影响

指标	处理	0d	1d	3d	5d
茎长	CK	9.65±0.80 a	10.04±0.59 a	10.13±0.64 a	11.32±1.47 a
	NC	9.49±0.88 a	9.65±0.67 b	9.73±0.84 c	10.69±1.52 b
	CN		9.42±0.68 b	9.83±0.58 b	9.96±0.56 c
	NN		9.64±0.79 b	9.66±0.55 c	9.80±0.83 c
根长	CK	20.96±2.00 a	19.12±1.17 b	20.38±1.13 c	19.49±1.49 c
	NC	18.85±4.30 a	21.84±3.30 a	24.45±1.02 a	24.15±3.02 a
	CN		21.30±3.21 a	22.13±1.87 b	23.63±1.50 b
	NN		19.13±4.80 b	24.79±2.87 a	25.62±1.65 a
根数	CK	4.70±1.26 a	3.90±0.97 a	5.00±0.92 a	5.30±0.34 ab
	NC	4.20±1.85 a	3.00±0.92 c	3.65±0.75 c	3.65±1.35 b
	CN		4.25±0.79 a	4.55±1.39 b	4.80±0.89 a
	NN		2.90±1.62 b	3.55±0.69 c	3.80±1.44 c

注：数据均为平均值 ± 标准误差，不同字母表示处理间差异显著（$P < 0.05$）。

盐胁迫下水稻幼苗中抗氧化酶含量的变化如表 2–25 所示，盐胁迫处理 1d 时，与对照（CK）处理相比，处理 CN 和 NN 的 CAT 含量均升高，盐胁迫处理 3d、5d 时，CN 和 NN 处理的 CAT 含量呈下降趋势，与对照（CK）处理相比，NN 恢复到与 CK 相当。盐胁迫处理 3d、5d 时，与对照（CK）处理相比，CN 和 NN 处理的 POD 含量呈现升高的趋势，且 NN 升高的幅度相对较小。盐胁迫处理下，与对照（CK）处理相比，CN 处理中脯氨酸（Pro）含量呈现减少的趋势，NN 处理中 Pro 含量表现为增加，且增加的幅度较大。

表 2-25　盐锻炼对其后盐胁迫下水稻幼苗抗氧化酶的影响

指标	处理	0d	1d	3d	5d
CAT	CK	52.60±6.46 a	37.03±6.40 b	33.92±7.96 a	36.33±6.76 a
	NC	50.85±11.45 a	54.17±5.85 a	35.90±2.83 a	36.96±7.87 a
	CN		41.24±2.24 b	41.00±8.18 a	42.73±7.65 a
	NN		50.70±6.23 a	38.03±6.92 a	33.88±4.75 a
POD	CK	251.91±23.54 a	311.54±49.05 b	468.01±47.95 a	439.34±54.10 b
	NC	245.00±17.83 a	737.31±18.46 a	503.39±50.30 a	497.56±18.41 ab
	CN		272.46±29.01 b	527.54±21.57 a	549.55±56.76 a
	NN		639.72±61.10 a	502.93±40.10 a	494.14±25.78 ab
Pro	CK	11.24±0.95 a	23.30±9.15 a	8.86±1.58 b	13.80±10.22 ab
	NC	41.86±8.58 a	34.07±4.30 a	48.64±12.76 a	19.74±5.53 ab
	CN		15.54±1.25 a	31.07±20.59 ab	7.59±2.38 b
	NN		39.27±14.22 a	55.91±16.44 a	50.58±15.52 a
SOD	CK	10 621.10±651.75 a	11 429.58±588.22 a	10 717.13±704.98 a	12 532.76±275.98 ab
	NC	9 349.60±483.41 a	9 243.43±357.11 b	11 139.25±1 311.82 a	9 727.83±933.66 b
	CN		10 240.94±493.31 ab	9 028.85±551.72 a	12 038.19±386.31 b
	NN		8 859.00±702.24 b	10 934.78±223.69 a	15 418.86±1 679.49 a

注：数据均为平均值 ± 标准误差，不同字母表示处理间差异显著（$P < 0.05$）。

盐胁迫对水稻幼苗的影响可以用各种农艺性状和生理生化指标来反映品种耐盐程度。当土壤中的可溶性盐分达到 0.3% 时，水稻植株就会表现出受害症状，发芽率降低、叶片失水萎蔫、叶尖枯黄、自老叶开始死亡。研究表明，不同水稻品种在苗期的耐盐性差异巨大，各水稻品种在盐胁迫下的发芽率高低并非取决于本身在淡水条件下的发芽率，而在很大程度上取决于本身的耐盐能力，且盐胁迫下的发芽率可以直接反映品种耐盐能力的高低。目前，盐胁迫对水稻种子萌发的抑制机制尚不明确。最开始人们认为盐分对水稻萌发期的影响是因盐分限制了种子的生理吸水，随后的研究中大家发现，采用浸种后再进行处理的办法，排除了盐分对种子吸胀过程的干扰，结果种子的萌发速率和发芽率仍然会受到不同程度的抑制，品种间耐盐能力依然存在差异。也有学者提出，种子吸胀过程中盐分会破坏细胞膜，导致膜透性增大且溶质外渗，进而致使种子萌发受阻。

三、盐锻炼对其后盐胁迫下水稻幼苗相关基因表达的影响

盐胁迫是一种较为复杂的环境胁迫，主要是由高盐浓度引起的离子毒害（盐胁迫）和高渗透压（渗透胁迫）。脯氨酸积累是植物响应环境胁迫时的一种普遍的生理现象。有报道指出，脯氨酸合成相关基因 *P5CS* 过量表达的转基因水稻在盐胁迫和水分胁迫下其生物量是增加的。水稻在应对盐碱胁迫时会积累大量的脯氨酸，并且脯氨酸合成相关基因（*OsP5CS1* 和 *OsP5CS2*）的表达量都有明显增强，说明脯氨酸在水稻抗逆性方面具有重要作用。

可溶性糖是调节渗透胁迫的小分子物质，在植物对盐胁迫的适应性调节中，是增加渗透性溶质的重要组成成分。齐春艳等（2009）研究了盐碱胁迫条件下水稻耐碱突变体（*ACR78*）灌浆期的耐盐碱生理特性，并与野生型（农大 10 号）进行了比较分析，结果表明，在盐碱胁迫下，突变体内（除根部外）积累了较多的可溶性糖，其中穗部增加最明显，为突变体适应外界盐碱胁迫奠定了生理基础。

叶绿素是植物进行光合作用的物质基础，叶绿素含量与叶片光合作用密切相关，在一定范围内，增加叶绿素含量可以增强叶绿体对光能的吸收与转化，增强光合速率。研究结果表明，耐盐碱性差的水稻秧苗，在光合作用时受盐碱离子胁迫的影响较大，这些离子主要是通过干扰气孔运动、减少 CO_2 摄入量来影响光合作用。有研究认为，气孔关闭是水稻盐敏感品种在盐胁迫下光合能力下降的主要原因。盐碱胁迫通过阻碍植物的光合效率，减少光合产物的有效积累、运输和分配，影响生长发育及各种生理生化代谢活动的正常进行。

Na^+ 含量及 Na^+、K^+ 平衡是评估植物盐害和耐盐性的重要方面。水稻体内钠离子过量积累，将对微量元素和营养元素的利用产生强烈的拮抗作用，进而导致作物根部和地上部顶端分生组织的生长受阻，并影响细胞壁多糖的生物合成，从而影响细胞正常分裂和细胞伸长。同时，对叶绿素的合成产生影响，易导致作物叶片变成不正常的暗绿色，引起作物生理失调，正常代谢受阻，造成作物生长弱小、结实率降低、呼吸强度减弱，使正常

生长发育受到阻碍，最终影响水稻农艺性状的表型。

本试验以水稻 *ubiquitin 1* 基因作为内参，对脯氨酸合成和分解的相关编码基因进行了实时荧光定量 PCR 分析（表 2-26），包括脯氨酸合成基因（*P5CS1*、*P5CS2*、*P5CR*）和分解基因（*PDH1*、*P5CDH*）。基因表达分析结果表明，经过苗期长时间低浓度的盐锻炼之后，与对照处理（C）相比，盐锻炼处理上调了脯氨酸合成基因（*P5CS1* 和 *P5CS2*）的表达，下调了脯氨酸分解基因（*PDH1*、*P5CDH*）的表达。盐胁迫下，与 CK 处理相比，CN 和 NN 均上调了脯氨酸合成基因（*P5CS1* 和 *P5CS2*）的表达，下调了脯氨酸分解基因（*PDH1*、*P5CDH*）的表达。盐胁迫处理 5d 时，与 CK 处理相比，脯氨酸合成基因和分解基因在 CN 和 NN 处理中均表现为上调的趋势，但 NN 上述基因表达调节的幅度要大于 CN。

表 2-26 盐锻炼对其后盐胁迫下水稻幼苗脯氨酸合成相关基因表达的影响

时间（d）	处理	*P5CS1*	*P5CS2*	*P5CR*	*PDH1*	*P5CDH*
0	C	1.00±0.05 a	1.00±0.02 a	1.01±0.08 a	1.00±0.06 a	1.00±0.03 a
	N	1.11±0.07 a	1.41±0.13 a	0.84±0.02 a	0.42±0.04 b	0.58±0.07 a
1	CK	1.00±0.02 c	1.00±0.03 d	1.00±0.04 c	1.00±0.03 a	1.00±0.03 c
	NC	1.82±0.12 a	3.57±0.21 a	2.93±0.19 a	0.37±0.02 bc	1.52±0.08 b
	CN	1.21±0.06 bc	2.02±0.03 b	1.86±0.06 b	0.27±0.02 c	0.98±0.05 c
	NN	1.30±0.02 b	1.49±0.14 c	2.22±0.26 b	0.39±0.05 b	1.96±0.14 a
3	CK	1.01±0.07 b	1.00±0.05 c	1.00±0.01 a	1.00±0.04 a	1.01±0.10 a
	NC	1.19±0.08 b	0.88±0.03 c	0.56±0.01 b	0.88±0.05 a	0.67±0.01 b
	CN	1.82±0.08 a	1.45±0.08 b	0.64±0.05 b	0.51±0.04 b	1.01±0.06 a
	NN	1.19±0.14 b	1.67±0.05 a	0.46±0.02 c	0.42±0.03 b	0.58±0.01 b
5	CK	1.00±0.06 b	1.00±0.02 b	1.01±0.08 c	1.00±0.02 b	1.01±0.10 b
	NC	2.40±0.10 a	3.56±0.37 ab	6.43±1.73 ab	0.49±0.02 c	3.42±0.32 a
	CN	2.13±0.06 a	5.45±1.17 a	2.61±1.02 bc	2.33±0.03 a	3.66±0.31 a
	NN	2.46±0.43 a	5.08±1.03 a	10.24±2.51 a	1.21±0.24 b	3.95±0.92 a

注：数据均为平均值 ± 标准误差，不同字母表示处理间差异显著（$P < 0.05$）。

细胞凋亡基因（*NAC4*）和甘露糖合成相关基因（*M6PR1*、*M6PR2*）的表达结果如表 2-27 所示。苗期长时间低浓度的盐锻炼下，上述基因表达量均呈下调趋势，其中细胞凋亡基因下调 4 倍。在其后的盐胁迫下，与对照（CK）处理相比，细胞凋亡基因在盐胁迫 5d 时的表达为上调，与 CN 相比，NN 的上调幅度较小。甘露糖合成相关基因的表达在盐胁迫的过程中表现为上调后下调，最终在盐胁迫 5d 时的表达量为上调，且 NN 的上调幅度大于 CN。

表 2-27　盐锻炼对其后盐胁迫下水稻幼苗细胞凋亡和甘露糖合成相关基因表达的影响

时间（d）	处理	*NAC4*	*M6PR1*	*M6PR2*
0	C	1.00±0.05 a	1.00±0.07 a	1.00±0.05 a
	N	0.25±0.03 b	0.92±0.10 a	0.76±0.01 b
1	CK	1.00±0.02 a	1.00±0.04 b	1.00±0.07 b
	NC	0.22±0.00 b	12.29±0.16 a	1.41±0.07 a
	CN	0.25±0.02 b	1.53±0.16 b	1.14±0.07 ab
	NN	0.23±0.05 b	11.12±1.47 a	1.41±0.15 a
3	CK	1.01±0.10 c	1.00±0.02 a	1.00±0.05 a
	NC	3.84±0.15 a	0.19±0.01 b	0.42±0.03 c
	CN	0.87±0.02 c	0.92±0.06 a	0.64±0.02 b
	NN	1.67±0.13 b	0.14±0.00 b	0.22±0.02 d
5	CK	1.00±0.05 b	1.00±0.02 b	1.01±0.08 b
	NC	0.75±0.01 b	2.42±0.05 ab	1.68±0.09 b
	CN	2.87±0.26 a	3.04±0.29 a	3.29±0.33 a
	NN	2.16±0.53 a	4.22±0.98 a	3.45±0.79 a

注：数据均为平均值 ± 标准误差，不同字母表示处理间差异显著（$P < 0.05$）。

水稻是我国主要的粮食作物，同时作为提高盐碱地粮食生产能力和改善农业生态环境的主力军，对解决我国粮食安全问题具有重要的战略意义。通过栽培调控措施保证水稻在盐碱地上的产量，这对盐碱地的可持续高效的利用意义重大。通过后续对蛋白质组和代谢组的深入研究，深入解析与水稻耐盐碱相关的信息传递通路，明确与水稻耐盐碱相关的关键信号传递途径和涉及的调控因子，通过对调控因子的深入研究分析，寻找相关的栽培措施或者外源激素对其中关键调控途径或者因子进行早期干预，充分调动水稻自身的耐盐碱能力。

第三章　山东稻区栽培方式与技术

第一节　山东稻作的特点

山东水稻品质优良，单产水平高，尤其是在山东湖洼地带、沿黄（河）地区和滨海盐碱区域，水稻是一种生态适宜作物，具有其他作物无法替代的优势。

一、水稻单产高、品质优

山东是我国的重要粮食生产基地之一，其水稻种植类型多样，单产一直保持在较高水平。据统计，2021 年全国水稻平均单产为 474.2kg/亩，山东水稻单产 574.9kg/亩，2022 年山东水稻单产 575.2kg/亩，在各省（区）的水稻单产排名中稳居前列（表 3–1）。

表 3–1　各省（区）水稻单产排名（前 5 名）

年份	水稻单产（kg/亩）				
	1（新疆）	2（天津）	3（江苏）	4（山东）	5（湖北）
2022	627.5	623.4	596.2	575.2	552.6
2021	627.1	623.7	596.2	574.9	552.6

山东水稻平均单产 20 多年来呈现稳步提高的趋势。如图 3–1 所示，2002—2006 年水稻平均单产稳步上升，随后趋于平缓，2018 年水稻平均单产达到历年以来最高点 9 661kg/hm^2，随后降至 2019 年的 8 709kg/hm^2，之后变化趋势趋于平缓。总体上，山东水稻平均单产在种植面积下降的趋势下，除个别年份波动较大外，整体上呈现稳步上升的趋势。根据图 3–1 中

的统计数据，通过回归分析，建立了水稻平均单产和时间的一元四次多项式模型，水稻平均单产预测模型为：$y=-0.025\,9x^4+2.116\,4x^3-58.128x^2-689.89x+5\,364.3$。水稻平均单产与年份间存在显著正相关，$R^2=0.855\,2$，表明，近22年来水稻平均单产整体上表现为上升趋势。

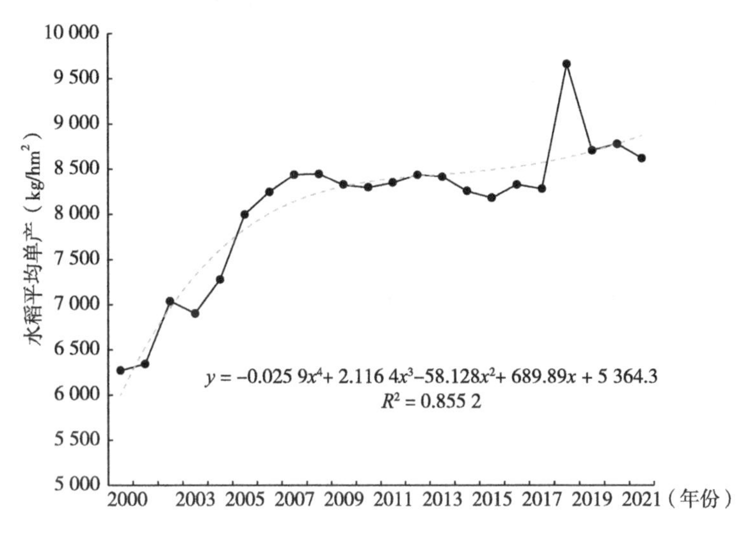

图 3-1　山东 2000—2021 年水稻平均单产情况

与2000年相比，2021年各稻区的水稻平均单产变化各不相同（图3-2），除了滨湖稻区，库灌稻区和沿黄稻区的单产分别提高了29.67%和8.75%，滨湖稻区的水稻单产下降了1.39%。其中，库灌稻区和滨湖稻区的单产高于沿黄稻区，库灌稻区的单产一直处于稳定上升的趋势，在2021年更是达到了历史最高9 336kg/hm^{2}的水平。沿黄稻区单产在三大稻区中一直处于相对较低的水平，且较稳定。滨湖稻区的单产波动较大，其中，在2005年单产下降幅度较大，降至5 306kg/hm^2，而在2020年水稻单产达到了历史最高水平，为9 566kg/hm^2。

总体来看，近22年来，三大稻区的水稻单产水平总体上增幅明显，个别年份略有波动，各稻区的单产水平均有较大程度的提高（图3-3）。其中，滨湖稻区的单产年份间波动较大，尤其是2000—2007年，最高占比达到过141.57%，最低占比仅为66.35%。库灌稻区的单产一直保持较大优势，且单产稳定。总之，随着生产技术的逐步推广，各稻区的单产差距在逐渐缩小，各稻区水稻单产的均衡性增强。

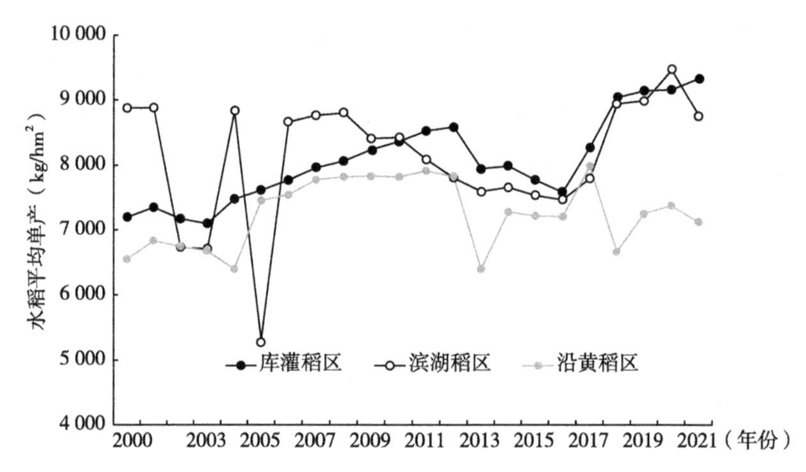

图 3-2　山东省 2000—2021 年三大稻区水稻平均单产情况（单产 kg/hm²）

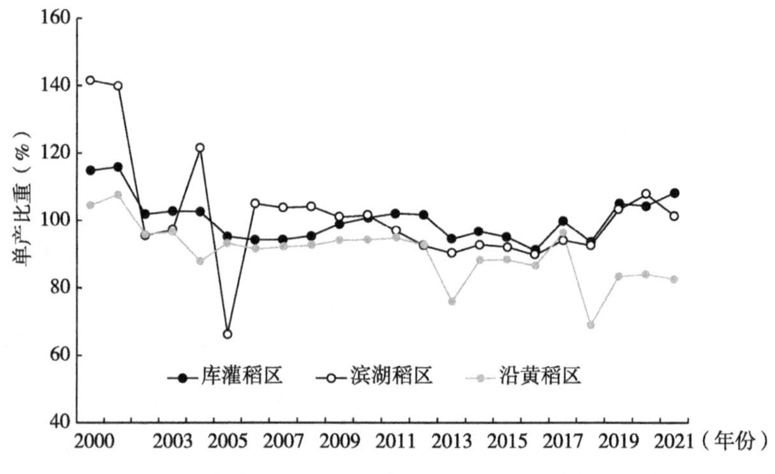

图 3-3　山东省 2000—2021 年三大稻区水稻单产比重情况

从地区来看，山东东部的沿海地区水稻亩产较高。如图 3-4 所示，以 2021 年为例，泰安的亩产最高，为 716.8kg/亩，为全省水稻亩产最高的地区，其次是济宁、临沂、日照等地，东营稻区的单产较低，与土壤条件较差有关。根据《山东统计年鉴（2022）》，泰安在 2021 年的水稻种植面积仅为 67hm²，远低于济宁、临沂和东营稻区，播种面积较小也许是更容易保持高产的一个因素。

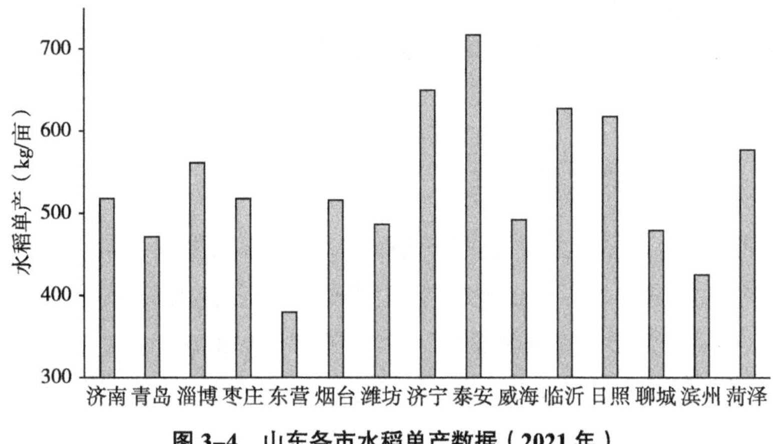

图 3-4　山东各市水稻单产数据（2021 年）

山东作为我国的重要粮食生产基地之一，其水稻亩产一直处于较高水平。气候条件、土地条件、品种选择和种植技术等因素都会影响水稻亩产。合理的技术措施和合适的种植品种选择是提高水稻亩产的关键。

随着人民生活水平的不断提高，在保障国家粮食安全的前提下，逐步提升稻米品质以满足消费者对优质稻米的需求已成为稻米生产的目标之一。稻米食用品质的评价指标主要包括外观品质、加工品质、食味（蒸煮）品质、营养品质、储藏品质。其中，食味米是指人们通过对稻米进行检测品尝后其直观感觉认为好的稻米，稻米的食味构成要素主要有黏性、硬度、甜味、香味等，因品种、产地、气候、栽培管理、干燥、储藏、米饭的蒸煮方式不同而差异明显。

山东地处华北单季黄淮稻作带，光热资源充沛，夏季降雨集中，自然生态条件优越，适宜水稻生长。山东是中国北方重要的优质粳米生产基地，面积较大的稻区主要分布在临沂、济宁、东营、济南等地。济宁的鱼台大米米粒呈半透明，有光泽，垩白小，垩白率低，外形呈短椭圆形。米饭饭粒洁白完整，有油光，软而不黏、有韧性，气味清香，软硬适口，凉后仍能保持良好口感。1985 年，被农牧渔业部评为优质农产品奖。2008 年，通过国家质检总局农产品地理标志保护产品认证；2009 年，通过国家工商总局证明商标认证；同年，“鱼台大米”在中国（武汉）第九届稻博会上被评为金奖；2016 年，“鱼台大米”被农业部认定为农产品地理标志保护产品，成为全国优质大米的代名词；2022 年，“鱼台大米”成功入选“好品山东”

品牌，获批筹建国家地理标志产品保护示范区。山东生产稻米品质优良，多年来一直出口韩国、日本，有着较好的发展前景，是我国北方地区水稻高产优质产区之一。

二、稻区生态类型多样

山东有 15 万多平方千米的陆地面积，有 1/3 的低山丘陵、1/3 的山间及山前平原，这些地区的土地肥沃、水资源丰富，还有黄河冲积平原约占 1/3。山东境内大型小型河流交错，天然湖泊有 1 400km^2，生态类型多样。山东地区气候适宜种植水稻，但由于地区、土壤等因素的不同，适宜种植的水稻品种也存在差异。山东稻区种植的多为常规优质粳米。

山东省在 2021 年以 1 094.86 万 hm^2 的农作物总播种面积位居全国第三，是农业大省。但是水稻的种植面积相对较小且分布零散，主要沿河湖及涝洼地呈零星点状分布，与可利用的灌溉水源密切相关。根据地理位置可划分为济宁滨湖稻区、临沂库灌稻区及沿黄稻区三大稻区，三大稻区的水稻年种植面积占全省种植面积的 95% 以上。

济宁滨湖稻区的水稻主要种植在微山湖的湖滨地区，滨湖稻区是山东水稻单产的优势地区，包括济宁鱼台、任城、微山、嘉祥、曲阜等地的部分乡镇，该地区濒临南四湖、地势低洼、水源充沛，具备种植水稻的自然条件。临沂库灌稻区的水稻主要在沂河、沭河沿岸分布种植，属于典型的库灌稻区，其中 98% 以上是麦茬移栽稻，直播稻约占 1%，旱稻零星种植。沿黄稻区主要是指引黄河水灌溉的水稻种植区域，主要分布在黄河两岸的菏泽、济南、滨州、东营，其中，东营的稻区面积最大，但是由于其特殊的地理条件，盐碱化土壤的影响，与上述稻区相比，东营稻区的单产较低。近年来，受水资源等条件的影响，山东水稻种植面积在逐年下降，三大稻区的种植面积也受到了一定的影响，其中沿黄稻区下降幅度最大，库灌稻区次之，滨湖稻区下降幅度最小。

第二节　山东不同稻区栽培方式差异

山东的稻米产量高、品质优，但是稻区相对分散，各个稻区的生态、气候条件也不同，因此，在种植方式上，存在多样化的稻作制度类型。鲁南地区有手插秧、机插秧、直播、抛秧等方式。沿黄一带的济南、东营、日照稻区以手插秧为主，机插秧面积相对较少。鲁南稻区的耕作方式以水稻—小麦、水稻—大蒜、水稻—蔬菜等轮作为主。济南沿黄一带主要是水稻—小麦或者水稻—蔬菜等轮作为主。东营稻区主要以一季春稻为主，此外，在泰安等地还有零星旱稻种植。

山东地处黄淮北部，光热资源充沛，夏季降雨集中，境内京杭大运河纵贯南北，黄河横贯东西，湖泊水库面积较大，自然条件适宜。山东水稻种植面积较分散，主要是沿河、湖及涝洼地分布，按照灌溉水源及地域可划分为三大稻区，即鲁西南的济宁滨湖稻区、鲁南的临沂库灌区和沿黄河一带的沿黄稻区，此外还有其他零星稻田分布在胶东半岛。稻区 80% 以上为麦茬稻，有少量的水稻—大蒜轮作。

一、济宁滨湖稻区栽培技术

济宁滨湖稻区主要以济宁地区为中心，沿南四湖、京杭大运河等向周边地区辐射。该稻区属于鲁南泰沂低山丘陵与鲁西南黄淮海平原交接地带，地质构造上属华北地区鲁西南断块的凹陷区，地势较低。该区适宜的温度和充沛的水资源为水稻生产提供了便利条件。滨湖稻区以传统的手插秧、机插秧为主。近年来，随着农村劳动力的严重匮乏和水稻生产成本的提升，直播稻的面积呈现逐年增长的趋势。

（一）手插秧种植技术

手插秧主要是需要控制好插秧的深度，要求在不漂苗的前提下尽量浅插，深度不要超过 2cm，一般插秧深度超过 5cm 时低节位分蘖就开始减少，7cm 以后就几乎没有分蘖，直接影响后期有效穗的数量。插秧时注意手法要轻，不要损坏根部。

水稻施肥主要分为秧田施肥、本田基肥、本田追肥。对于水稻施肥来说，不要偏施氮肥、多施磷肥、钾肥、有机肥、中微量元素肥，另外采取阶段式施肥方式，一般情况下，可以施用 15% 复合肥（氮：磷：钾 = 2:1:3）30 ～ 40kg 作为底肥，如果秸秆比较多可增加 4 ～ 5kg 尿素，分蘖至拔节期追肥尿素 7.5 ～ 10kg + 中微量元素肥，孕穗时期追施 15% 复合肥

（氮：磷：钾 =2∶1∶3）7.5 ～ 10kg，同时注意增加中微量元素，以促进水稻生长，减轻病害发生。水稻施肥需要根据气候进行合理施肥，土壤温度、水的温度适合时，稻根的光合作用旺盛，根的生长发育快，吸收能力强，施肥量大。当温度较低时，不但根系的光合作用变弱，微生物菌种的活动也变弱，进而吸收营养物质的能力降低。温度较高时，稻根体系中氧气含量降低，进而妨碍根的有氧呼吸，影响营养物质的消化吸收，因此施肥需结合当地气候，才能让水稻植株保持正常的生长发育。

对于水稻田间的杂草来说，一次封闭除草剂不能做到一次性完全除草，只能是最大限度地降低杂草的基数和叶龄，后期需要对不同田块的不同杂草进行补治，这样会极大地降低除草难度和除草成本，同时对水稻的伤害也同步降到最低。因此，在水稻出苗后的茎叶补防，要针对不同田块的不同杂草选用相应的除草剂进行复配。禾本科杂草为主的茎叶处理：稗草、千金子发生的田块可以选择五氟磺草胺 + 氰氟草酯、噁唑酰草胺 + 氰氟草酯；抗性稗草、千金子发生的田块可以选择氰氟草酯；马唐、稗草、千金子发生的田块可以选择噁唑酰草胺 + 氰氟草酯。阔叶草和莎草为主的茎叶处理：鸭舌草、水竹叶、丁香蓼发生的田块可选择二甲・灭草松或者氯氟吡氧乙酸 + 二甲四氯；三棱草、香附子、异型莎草发生的田块可选择二甲・唑草酮 + 吡嘧磺隆或者灭草松 + 吡嘧磺隆、乙氧磺隆。

在收获前 10d 提前放水晒田。当 95% 的稻谷籽粒黄熟时及时进行收获，防止养分倒流。收获后的稻谷要及时晾晒至安全储藏含水量，以免霉烂、变质。

（二）机插秧种植技术

机插秧的秧田选择地势平坦、排灌良好、运输方便、清洁无污染的地块。选用优质、高产、抗病性强，适于机插秧的品种，麦茬稻在 5 月下旬播种，机插秧品种选取生育期在 145 ～ 155d。每亩大田的用种量为 3.5 ～ 4kg。

当秧苗叶龄 2 ～ 4 叶，苗高 12 ～ 20cm，均匀整齐，根系发达，提起不散，即可开始准备插秧。起秧时需轻轻揭起，卷好后运输，应做到随起随运随插，运输过程中采取遮阴措施防止秧苗失水枯萎。

条件适宜的稻区在收获时可选用具有秸秆粉碎功能的联合收割机，一次性完成水稻收割和秸秆粉碎。

（三）直播种植技术

直播稻是一种原始的稻栽培方式，最显著的特点就是整个种植过程中没有移栽环节，不需要提前育秧，最多只是将个别植株由稠密处移至稀疏处，进行补苗。水稻移栽的初衷之一原本是为了保障农作物，如小麦，在大田中有足够的生育期，以获取稻麦二熟。水稻直播和育苗移栽相比，节省了育苗环节，播种期推迟，水稻的生育期就相应的缩短，因此，夺取高产必须选用生育期较短的早熟品种。另外，直播稻根系分布浅、群体大、易倒伏，要求选取的品种苗期耐寒性好，分蘖适中，抗倒伏。受旱地农业的影响，济宁滨湖稻区直播稻的播种方式为条播或者撒播，管理模式是旱种水管，即不经过常规的育苗、起苗和插秧的过程，直接将种子播种到本田，待正常出苗后按照水田进行正常的水分管理。

直播稻播种时机的选择对产量有较大的影响，需要根据自然条件、气温、地理情况等因素综合考虑，一般当日平均气温能连续稳定在15℃以上时，就可以进行播种了，既要早播，也要保证能出全苗，太早的话地温达不到，种子容易受低温冷害，影响出苗率，长势缓慢，进而影响产量。

直播稻对田地的平整度要求较高，提倡用激光平地机进行精细整地，高低落差不超过3cm。一般在播种前15d左右耕翻，耕翻时将基肥施入。

直播稻田的杂草防除是关键点也是难点，除草的结果直接影响产量。通常采取芽前封闭处理和茎叶触杀处理相结合，从而有效控制其发生和为害。一般采取“一封二杀三拔”的操作。一封，即在播种灌水2～5d后，出苗前用丁草胺在土壤表面均匀喷雾进行封闭除草，用量按照药瓶的推荐剂量使用即可；也可根据情况采用毒土法进行处理。二杀，即在水稻播后25～35d，当田内以禾本科杂草为主时，用噁唑酰草胺对准杂草进行均匀喷雾，当稻田中阔叶杂草较多时，可选用苄嘧磺隆、吡嘧磺隆、二甲四氯、氯氟吡氧乙酸等。三拔，是指人工拔草，对后期残留的杂草，进行人工拔除。操作的过程不必追求完美，稻田封行后低矮的杂草，以及后期不会影响产量的零星杂草可不用干预。

若直播稻田翻耕过早，杂草种子在土壤内已经萌发，应在播种前进行再次翻耕，以减少杂草的发生基数。施足基肥，早施分蘖肥，促进稻苗早生快发，早日封行，控制杂草接受光照，以苗压草，减少杂草的发生，降低杂草对水稻的影响。

由于我国城镇化的不断推进，农村劳动力大量向城市转移，水稻种植关键生育期常常出现季节性的劳动力紧缺。近年来，直播稻面积呈上升趋势，直播栽培技术省去了常规大棚育苗环节，节约了人力，免去了秧田的投入，并且由于没有拔秧伤根和移栽返青的过程，一般直播稻都能早分蘖、根系发达、植株健壮。但是，在操作过程中，一定要注意上述关键的节点，做好稻田的大田管理。

二、临沂库灌稻区栽培技术

临沂库灌稻区包括临沂市郯、郯城、莒县、莒南、沂南、日照市郊等地。本区位于山东东南部，临沂气候属温带季风气候，气温适宜，四季分明，光照充足，雨量充沛，雨热同季，无霜期长。临沂境内水系发达，呈脉状分布。有沂河、沭河、中运河、滨海四大水系，区域划分属淮河流域。主要河流为沂河和沭河，有较大支流 1 035 条，10km 以上河流 300 余条。

临沂库灌稻区的耕作方式和济宁类似，主要以手插秧、机插秧为主，零星分布有少量直播稻。

三、沿黄稻区栽培技术

沿黄稻区包括菏泽、济南、滨州、东营的沿黄区域，黄河过境全长 375km，沿黄背堤多为盐碱洼地。本区的气候条件和耕作制度差异较大。其中面积最大的东营位于山东北部，东、北临渤海，是中国黄河三角洲的中心城市，黄河在东营境内流入渤海。东营地处中纬度，背陆面海，受亚欧大陆和西太平洋的共同影响，属暖温带大陆性季风气候，基本气候特征为冬寒夏热，四季分明。菏泽气候和种植制度与鲁南相似。滨州和东营年平均气温较低，水稻为一季稻，冬季偶有和绿肥轮作。

（一）一季稻种植技术

东营的一季稻有多种形式，有全年一季稻、水稻—小麦—玉米两年三熟轮作，还有水稻—绿肥一年两熟轮作种植方式，其中水稻种植管理模式基本类似。

东营水稻品种具有分蘖力强、耐盐碱、抗倒伏等特点。育秧一般就地选用黄河干渠清淤土作床土。播种前用旋耕机耙平土地，开沟做秧板，按照秧田和大田比为 1∶100 留足秧田，挑沟整畦时需拍碎拍实。

播种前晒种 1 ～ 2d，用 10% 的盐水或比重 1.06 ～ 1.10 的黄泥水选种，剔除秕谷，再用清水洗净种子。种子需用浸种灵或线菌清等药剂消毒，浸泡 2 ～ 3d，每天搅拌 1 ～ 2 次，温度低时可延长浸种时间，浸种时可以白天把种子放在药液中进行浸种，晚上平铺在地面上进行透气，直至种子吸足水。黄河三角洲一季稻区一般在 4 月中下旬播种，由于气温的原因，需采用大棚或拱棚育秧，一般单盘 180g 左右，26 ～ 30 盘/亩。2 叶期以前保持盘面湿润，2 叶期以后视天气情况勤灌水。移栽前 2 ～ 3d，灌足秧板水，以利于起苗。在秧苗一叶一心期时结合浇水亩施 5kg 尿素，移栽前 4d，每亩施 4kg 尿素。

插秧前，灌水洗盐 1 ～ 2 次。上水耙平，沉实泥浆。水层深度宜在 1 ～ 1.5cm。机插深度控制在 1.5 ～ 2cm。移栽密度为行距 30cm，穴距 12 ～ 14cm，基本苗控制在 8 万～ 9 万 / 亩。返青分蘖期需浅水勤灌，灌水 3 ～ 5cm，自然落干后，再灌水。栽后 7 ～ 10d 亩施 7.5kg 尿素，栽后 14 ～ 17d 亩施 12.5 ～ 17.5kg 尿素。抽穗开花期注意不要脱水，以浅水层为主，灌浆期采用间歇灌溉法，干湿交替，成熟前 7d 停水。

在水稻破口前 5 ～ 7d，喷施苯甲·丙环唑或戊唑醇防治稻曲病。分蘖末期和孕穗期，喷施井冈霉素防治纹枯病；喷施氯虫苯甲酰胺或毒死蜱防治二化螟与稻纵卷叶螟；喷施吡蚜酮防治飞虱。

（二）盐碱地水稻—绿肥种植技术

根据东营的气候条件，绿肥应选择易出苗、适应性强、产量高的品种，如冬牧 70、毛叶苕子。播种量冬牧 70 在 15 ～ 20kg，毛叶苕子在 4 ～ 5kg 为宜。在东营稻区，因水稻收获时间在 10 月下旬，因此种植绿肥采用套种撒播方式比较适宜，省工高效。

稻田套种撒播绿肥的适宜时期在 9 月 25—30 日，应结合水稻生育期和当时的天气情况而定，一般在水稻成熟前 20d 左右，播种后 7 ～ 10d 无较大降雨。冬牧 70 品种在稻田刚排净水即可撒播种子，毛叶苕子可在稻田水层深 1cm 左右时进行撒播，3d 内将水排净，撒播后 7 ～ 10d 应避免中到大雨，遇雨应及时排水。

冬春遇干旱应及时浇水，防止冻苗，春季遇旱灌水可大幅提高绿肥产量。于 4 月下旬及时耕翻压青，以便 5 月上中旬的水稻播种。

该区域的水稻生产存在的问题主要是黄河水位不稳定，且河水中泥沙含量高，不能保证正常灌溉，影响水稻的种植。另外，地下水位较高，排水不畅，部分稻区的盐渍化严重也是影响水稻生产的因素之一。

第三节　山东水稻生产发展优势与潜力

山东地处黄河下游，属华北单季黄淮稻作带，作为一季稻向麦茬稻过渡区，生态类型较特殊，在此区域大力发展水稻生产，具有生态研究意义。黄河流域国家战略的实施，进一步激发了山东水稻产业高质量发展的活力，为发挥优势、补齐短板、实现产业转型升级提供了有利机遇。

山东地区是沿海经济发达地区，也是我国严重缺水的地区之一，山东的气候适合水稻生产，其中水稻的用水量是限制水稻生产的关键因素。

根据《2022 年山东省国民经济和社会发展统计公报》显示，大中型灌区续建配套与现代化改造稳步推进，实施 16 处灌区建设项目，累计完成投资 11.4 亿元，衬砌改造渠道 525km，配套渠系建筑物 680 座，恢复改善灌溉面积 184 万亩，新增节水能力 3 295 万 m^3。累计建成高标准农田 7 456.7 万亩，发展高效节水灌溉 5 060.6 万亩。主要农作物良种覆盖率达到 98% 以上，粮食作物良种基本实现全覆盖。

一、新型经营主体的快速发展

山东水稻基本上是一家一户生产，品种种植杂乱，优质品种难以成片种植，机械化生产的推进艰难，这使得多数企业原粮品种不明、来源不定、因而产品质量不稳定、质量标准难以控制。同时，小型加工厂集贸市场式的销售和无序竞争导致缺乏知名品牌产品以及一定规模的加工企业，有的甚至违规生产严重影响了山东大米的声誉。另外，稻米加工设备陈旧、性能低也不适应参与国际、国内市场竞争的优质米加工。

随着农业基础设施的逐步配套、粮食价格不断上涨、稻田机械化程度的提高及国家重农抓粮政策的实施，新型种稻主体迅速崛起，培育了一批水稻生产、加工、销售企业，有效地推进了水稻生产的规模化和产业化发展。随着水稻生产能力的快速提升，产业发展新模式、新业态也在不断涌现，稻米特色产品优势区也在逐渐凸显，山东也逐渐成为闻名遐迩的“黄河口大米”“明水香稻”大米原产地，“稻田画”景观区创作地，水稻生产模式越来越丰富，已逐渐成为主要产业。

二、地理标志以及品牌建设

山东的大米品质优良，历史悠久，加之特定的生产环境和栽培管理方式及丰富的人文历史，许多地区的大米都向农业农村部申请实施农产品地理标志登记保护（表 3–2）。

表 3–2　山东水稻地理标志农产品

产品名称	产地	产品编号	证书持有者	登记年份
明水香稻	济南	AGI00506	章丘市优质粮食协会	2010 年
黄河口大米	东营	AGI00721	垦利县农学会	2011 年
涛雒大米	日照	AGI00794	日照市东港区涛雒镇水稻生产技术协会	2011 年
姜湖贡米	临沂	AGI00915	郯城县姜湖贡米富硒产品农民专业合作社	2012 年
东阿鱼山大米	聊城	AGI01528	东阿县鱼山大米种植协会	2014 年
鱼台大米	济宁	AGI01830	鱼台大米产业协会	2016 年
涛沟桥大米	枣庄	AGI03359	枣庄市台儿庄区邳庄镇农业综合服务中心	2021 年

黄河三角洲一带的黄河口大米主要是黄河水浇灌，黄河水所含泥沙较多，富含氮、磷、钾等多种化学元素，还有大量有机质。黄河三角洲地区属温带大陆性气候，光照充足，昼夜温差大。年降水量在 600mm 左右，而又多集中在水稻孕穗的关键时刻。另外，黄河口新淤地含有少量盐碱，这些都是黄河口大米品质优良的形成因素。

涛雒大米，产自日照市东港区涛雒，地处沿河两岸和河流入海地区，土壤由河流冲积物和海积物形成，有机质丰富，所产大米米质细腻、入口醇香。

东阿鱼山大米有悠久的历史，自汉代以来，这里的大米就远近闻名。鱼山周边汉墓及曹植墓中就曾挖掘出稻谷及盛稻谷的器具。鱼山大米有许多美丽的传说，其中就有东阿王曹植的八斗贡米，以及鱼姑在大灾之年救助百姓的“鱼姑米”。

明水香稻的产区在明水镇一带，这里地处济南东郊，北滨黄河，土壤条件非常适宜香稻的生长，明水香稻自明代以来，就是进奉帝王的贡品。特点是微黄，呈半透明状，油润光亮，蒸食饭时，香味飘逸。

山东鱼台京杭大运河穿境而过，为鱼台送来肥田沃土，纵横交错的17条河和星罗棋布的千口方池，也送来了著名的鱼台大米。鱼台大米生产区域位于微山湖西畔的鱼台境内，东临南阳湖、昭阳湖，南与江苏沛县、丰县毗邻，西与金乡接壤，北以新万福河为界和济宁郊区隔河相望，包括鱼台经济开发区、滨湖街道、谷亭街道、王庙镇、鱼城镇、李阁镇、清河镇、张黄镇、王鲁镇、罗屯镇、唐马镇、老砦镇12个镇、街道、区，共计333个行政村。地理坐标为东经116°23′～116°49′，北纬34°53′～35°10′，南北最大距离23.5km，东西最大距离37.5km，海拔33.5～37.6m。鱼台属暖温带季风型半湿润大陆性气候，四季分明，光照充足，年平均日照时数3 853.0h，太阳辐射年平均总量117.54kcal/cm^2，气候温和，年平均气温14.2℃，雨量集中，年平均降水量702.0mm，无霜期203d，雨热同季，昼夜温差大，特别有利于水稻种植。

鱼台种植水稻有着悠久的历史。在当地发掘的汉墓中，曾发现先民种植的稻谷，说明鱼台至少在汉代就已开始种植水稻。明清时期，鱼台就有将种植水稻列为贡赋的记载。据《鱼台县志·风土》记载，唐虞时期，鱼台县属豫州，“其谷宜稻麦”，“谷之品有黍、稷、麦、菽、稻、粱秫、芝麻”。《鱼台县志·赋役志》又载：“又兑军攒运米一千一百石，外加耗二百七十五石”。据《鱼台县志》记载，文庙祭祀先贤普遍用“稻”作为祭祀品，可见稻谷对于鱼台传统社会的重要影响。

鱼台大米外观呈淡青色，米粒椭圆形，大小均匀，呈玻璃质透明，出糙率85%，精米率74%，整精米率71%，垩白粒率≤15%，垩白度≤3%。鱼台大米营养丰富，蛋白质含量7%～10%，胶稠度≥65mm，直链淀粉含量15%～20%，食味分值≥70分。蒸煮时有大米特有的清香味，米饭黏着有油光，口感软绵有弹性，适口性极佳。鱼台大米，入脾、胃、肺经，具有补中益气、滋阴润肺、健脾和胃、除烦渴的作用。《黄帝内经》中记述大米具有润肺养生的功效，对于因肺阴亏虚所致的咳嗽、便秘患者可早晚用大米煮粥服用。《洗米诗》赞曰：碎玉翻入青瓦钵，泉清几度酿酒浊。老君炉里日月白，天下争换此物多。

三、农旅融合初见成效

在渤海粮仓示范区，大力发展以稻田艺术画为热点的农旅项目。游客可通过景观塔俯瞰和景观廊道观赏两种方式进行体验。2017 年在渤海粮仓水稻示范区投资 785 万元，建成 34m 高的稻田画景观塔，景观塔设 3 层观景平台，可容纳 200 余人进行不同角度的观赏，在景观塔东西两侧分布不同品种、不同颜色的水稻种植的占地面积 21.33hm^2 的稻田画，每年的稻田画都会把握时代脉搏，创造出一幅幅惟妙惟肖的画卷，为人们提供独特的视觉享受，连续多年的稻田画景观项目建设取得了良好效果，2018 年在外交部向全球推介山东宣传片中也被采用。稻田画景区成为新晋“网红”，是山东垦利打造全区全域旅游进行的“旅游 + 农业”的一次成功尝试。

山东种植的水稻品种以优质常规粳稻为主，适口性好，多年以来，人们一直把水稻作为一种经济作物种植。加入 WTO 后，我国农业面临新的挑战，主要农作物中玉米、大豆、小麦、棉花等国际竞争力较小，形势严峻。但山东优质粳米优势明显，特别是日本和韩国开放的大米市场，给山东优质稻米带来广阔的发展空间。为了适应入世后国内外大米市场发展方向，各地纷纷调整发展思路，实施品牌化大米发展战略。目前，全省大力推行订单农业，已有几个绿色品牌大米登记注册，同时建立了可靠的营销网络，使得山东大米在河南、河北、上海等地及国外市场占有一定的份额，保证了农业增产、农民增收、企业增效，也有力促进了山东水稻的生产发展。

第三届全国水产会议（1953 年）就提出了试行“稻田兼作鱼”。2004 年，我国的稻田养鱼规模发展到了 2 400 多万亩，一举成为世界上最大的稻田养鱼国家。2011 年，国家渔业“十二五”规划明确提出发展稻田综合种养并启动相关专项，各级政府也相继出台了多项扶持政策，为产业发展提供了有力的政策保障。2017 年中央一号文件明确提出“推进稻田综合种养”，并召开全国稻渔综合种养现场会，提出要走“一条产出高效、产品安全、资源节约、环境友好的稻渔综合种养产业发展道路”。2020 年，农业农村部印发《稻渔综合种养生产技术指南》，同年召开全国稻渔综合种养发展提升现场会，提出要处理好稻和渔、粮和钱、土和水、一产和三产、产业发展和科技支撑、积极推动和农民意愿等多方面的关系，推进稻渔综合种养产业规范高质量发展。截至 2021 年，全国稻渔综合种养面积 3 966.12 万亩，稻谷产量近 2 000 万 t，水产品产量 355.69 万 t，社会效益、经济效益和生态效益显著，稳粮兴渔富民取得了显著成效。

山东作为水产养殖大省，在淡水生态健康养殖方面也做了大量有益的探索，逐步形成了稻鱼、稻虾、稻蟹、稻鳖等多种典型技术模式，取得了低投入高产出的显著成效。山东稻渔综合种养现场会暨生态健康渔业培训班在淄博高青举行之后，高青“稻渔共养”得以在全省推广。行业专家和种养大户认为，“稳粮增收、渔稻互促、绿色生态”是这一模式的突出特点，既能保障水稻生产，又能促进农民增收，同时具有很好的生态效益。如今，“稻渔共养”已经成为当地产业扶贫的重要手段和推动渔业转方式、调结构的重要抓手。

除了种植方式与传统农业不同，稻渔共养最重要的是农产品品质更胜一筹。这种模式能充分挖掘生物共生互促原理，可有效减少化肥和农药使用，减少面源污染，促进生态改善。相关监测数据显示，在山东的各稻渔综合种养示范点中，最低能减少化肥用量 21%，最高减少 80%；农药用量最低减少 30%，最高减少 50.7%。稻渔综合种养区域所产的稻田虾、稻田蟹、蟹田米等都因口感、味道等品质方面的提升而产生了显著的经济效益。

稻渔立体种养实现了农作物与水产品共生共养，使水稻真正远离化肥与农药，让早已贴上中国地理标志商标的高青大米，“生态、安全、绿色、有机”的金字招牌更加响亮。稻渔共养通过大力施行“生态 +”的发展战略，依托得天独厚的良好生态、丰富的优质农产品等优势，在全力打造绿色农产品安全的同时，积极整合文化、生态、产业等资源，深度融合一二三产业，推动农旅融合发展，为农旅融合添砖加瓦。

主要参考文献

白由路，2009. 高价格下我国钾肥的应变策略[J]. 中国土壤与肥料（3）：1–4.

曹荣祥，王志明，童晓利，等，2000. 稻麦轮作制中秸秆钾与化肥钾利用的研究[J]. 土壤肥料（4）：23–26.

陈峰，朱其松，徐建第，等，2012. 山东地方水稻品种的农艺性状与品质性状的多样性分析[J]. 植物遗传资源学报（3）：393–397，405.

陈健，何如林，陈兆金，等，2008. 水稻直播栽培技术及存在问题[J]. 大麦与谷类科学（1）：27–28.

陈名蔚，王峰，瞿钰峰，等，2017. 水稻盐碱地种植可行性初探[J]. 农业与技术，37（2）：50–51.

陈培峰，王建平，黄健，等，2013. 太湖地区香稻品种稻米品质性状相关和聚类分析[J]. 江苏农业学报，29（1）：1–7.

陈小燕，2008. 土壤中有机残体腐解过程的有机酸动态变化研究[D]. 杨凌：西北农林科技大学.

窦莉洋，2018. 秸秆还田对不同类型土壤团聚体稳定性、有机碳含量及其分布的影响[D]. 沈阳：沈阳农业大学.

冯钟慧，刘晓龙，姜昌杰，等，2016. 吉林省粳稻种质萌发期耐碱性和耐盐性综合评价[J]. 土壤与作物，5（2）：120–127.

高文永，2010. 中国农业生物质能资源评级与产业发展模式研究[D]. 北京：中国农业科学院.

顾兴友，梅曼彤，严小龙，等，2000. 水稻耐盐性数量性状位点的初步检测[J]. 中国水稻科学，14（2）：65–70.

顾兴友，严小龙，郑少玲，等，1999. 盐胁迫对水稻农艺性状遗传变异的影响[J]. 中国农业科学，32（1）：1–7.

郭望模，傅亚萍，孙宗修，2004. 水稻芽期和苗期耐盐指标的选择研究[J]. 浙江农业科学(1): 30-33.

胡兴川, 2012. 秸秆还田下氮肥运筹和播种量对冬小麦产量与氮肥利用的影响[D]. 南京: 南京农业大学.

孔滨, 孙波, 郑宪清, 等, 2009. 水热条件和施肥对黑土中微生物群落代谢特征的影响[J]. 土壤学报, 46(1): 100-106.

匡恩俊, 迟凤琴, 宿庆瑞, 等, 2012. 不同还田方式下玉米秸秆腐解规律的研究[J]. 玉米科学, 20(2): 99-101, 106.

兰巨生, 1998. 农作物综合抗旱性评价方法的研究[J]. 西北农业学报, 7(3): 85-87.

李春阳, 2017. 不同秸秆还田量对土壤形状及玉米产量的影响[D]. 沈阳: 沈阳农业大学.

李海波, 陈温福, 李全英, 2006. 盐胁迫下水稻叶片光合参数对光强的响应[J]. 应用生态学报, 17(9): 1588-1592.

李合生, 2000. 植物生理生化实验原理和技术[M]. 北京: 高等教育出版社: 134-167.

李杰, 张洪程, 龚金龙, 等, 2011. 稻麦两熟地区不同栽培方式超级稻分蘖特性及其与群体生产力的关系[J]. 作物学报, 37(2): 309-320.

李小胜, 陈珍珍, 2010. 如何正确应用 SPSS 软件做主成分分析[J]. 统计研究, 27(8): 105-108.

刘莉, 2018. 盐胁迫下植物激素对水稻种子萌发及幼苗根系生长的调控机理研究[D]. 武汉: 华中农业大学.

刘世平, 张洪程, 戴其根, 等, 2005. 免耕套种与秸秆还田对农田生态环境及小麦生长的影响[J]. 应用生态学报, 16(2): 393-396.

刘元英, 吴振雨, 彭显龙, 等, 2014. 养分管理对寒地直播稻生长发育及产量的影响[J]. 东北农业大学学报, 45(7): 1-8.

鲁如坤, 2000. 土壤农业化学分析方法[M]. 北京: 中国农业科学技术出版社.

罗文丽, 周柳强, 谭宏伟, 等, 2014. 水稻秸秆腐解规律及养分释放特征[J]. 南方农业学报, 45(5): 808-812.

吕海艳, 2014. 盐碱胁迫对水稻根系形态特征及产量的影响[D]. 长春: 中国科学院研究生院(东北地理与农业生态研究所).

倪道理, 沈庆雷, 2013. 播种深度对机械旱直播水稻的影响[J]. 现代农业科技(18): 36-39.

钮福祥, 华希新, 郭小丁, 等, 1996. 甘薯品种抗旱性生理指标及其综合评价初探[J].

作物学报，22（4）：392–398.

潘剑玲，代万安，尚占环，等，2013. 秸秆还田对土壤有机质和氮素有效性影响及机制研究进展［J］. 中国生态农业学报，21（5）：526–535.

彭银燕，黄运湘，尹力初，等，2013. 湖南省稻田土壤氮素肥力及氮矿化特征［J］. 中国农学通报，29（12）：109–114.

彭祖赠，孙韫玉，2007. 模糊（Fuzzy）数学及其应用［M］. 武汉：武汉大学出版社 .

齐春艳，梁正伟，杨福，等，2009. 水稻耐盐碱突变体 ACR78 在苏打盐碱胁迫下的生理响应［J］. 华北农学报，24（1）：20–25.

祁栋灵，韩龙植，张三元，2005. 水稻耐盐 / 碱性鉴定评价方法［J］. 植物遗传资源学报，6（2）：226–231.

阮松林，薛庆中，2002. 盐胁迫条件下杂交水稻种子发芽特性和幼苗耐盐生理基础［J］. 中国水稻科学，16（3）：281–284.

山东省水稻研究所，2015. 黄河三角洲高效生态经济区水稻产业发展专题调研报告［C］// 2015 年山东省农业科学院调研报告文集：290–297.

申源源，陈宏，2009. 秸秆还田对土壤改良的研究进展［J］. 中国农学通报，25（19）：291–294.

宋长春，王志春，宋新山，2001. 灌溉条件对盐碱土壤的环境和生物影响［J］. 生态学杂志，20（5）：51–54.

孙海国，雷浣群，1998. 植物残体对土壤结构性状的影响［J］. 生态农业研究，6（3）：39–42.

孙立荣，郝福顺，吕建洲，等，2008. 外源一氧化氮对盐胁迫下黑麦草幼苗生长及生理特性的影响［J］. 生态学报，28（11）：5714–5722.

唐湘如，罗锡文，黎国喜，等，2009. 精量穴直播早稻的产量形成特性［J］. 农业工程学报，25（7）：84–87.

田蕾，陈亚萍，刘俊，等，2017. 粳稻种质资源芽期耐盐性综合评价与筛选［J］. 中国水稻科学，31（6）：631–642.

王仁雷，华春，刘友良，2002. 盐胁迫对水稻光合性能的影响［J］. 南京农业大学学报，25（4）：11–14.

王晓玥，孙波，2012. 植物残体分解过程中微生物群落变化影响因素研究进展［J］. 土壤，44（3）：353–359.

王应，袁建国，2007. 秸秆还田对农田土壤有机质提升的探索研究［J］. 山西农业大学学报，27（6）：120-121，126.

王玉军，吴同亮，周东美，等，2017. 农田土壤重金属污染评价研究进展[J]. 农业环境科学学报，36（12）：2365-2378.

王在满，罗锡文，唐湘如，等，2010. 基于农机与农艺相结合的水稻精量穴直播技术及机具[J]. 华南农业大学学报，31（1）：91-95.

王遵亲，1993. 中国盐渍土[M]. 北京：科学出版社.

韦茂贵，王晓玉，谢光辉，2012. 中国各省大田作物田间秸秆资源量及其时间分布[J]. 中国农业大学学报，17（6）：32-44.

翁伯琦，刘朋虎，张伟利，等，2015. 农田重金属污染防控思路与技术对策研究[J]. 生态环境学报，24（7）：1253-1258.

吴竞仑，李永丰，2004. 水层深度对稻田杂草化除效果及水稻生长的影响[J]. 江苏农业学报，20（3）：173-179.

吴修，杨连群，陈峰，等，2013. 山东省水稻生产现状及发展对策[J]. 山东农业科学（5）：119-125.

武爱莲，王劲松，焦晓燕，等，2014. 秸秆还田对日光温室有机肥氮素矿化特征的影响[J]. 中国生态农业学报，22（6）：744-748.

武际，郭熙盛，王允青，等，2011. 不同水稻栽培模式和秸秆还田方式下的油菜、小麦秸秆腐解特征[J]. 中国农业科学，44（16）：3351-3360.

武松，潘发明，2014. SPSS 统计分析大全[M]. 北京：清华大学出版社.

谢留杰，段敏，潘晓飚，等，2015. 不同类型水稻品系苗期和全生育期耐盐性鉴定与分析[J]. 江西农业大学学报，37（3）：404-410.

徐迪新，徐翔，2006. 中国直播稻、移栽稻的演变及播种技术的发展[J]. 中国稻米（3）：6-9.

许仁良，王建峰，张国良，等，2010. 秸秆、有机肥及氮肥配合使用对水稻土微生物和有机质含量的影响[J]. 生态学报，30（13）：3584-3590.

杨百战，杨连群，杨英民，2006. 山东水稻生产发展优势、存在问题及对策[J]. 中国稻米（3）：53-54.

杨福，梁正伟，王志春，2011. 水稻耐盐碱鉴定标准评价及建议与展望[J]. 植物遗传资源学报，12（4）：625-628，633.

杨万江，陈文佳，2011. 中国水稻生产空间布局变迁及影响因素分析[J]. 经济地理，31（12）：2086-2093.

杨泽敏，王维金，卢碧林，2003. 灰色关联分析在稻米品质综合评价上的应用[J]. 中国粮油学报，18(3): 4–6.

袁守江，李广贤，姜明松，等，2008. 山东主要水稻品种演变及系谱分析[J]. 山东农业科学(4): 11–13.

袁守江，杨连群，宫德英，等，2004. 山东省优质稻米产业化现状及发展对策[J]. 山东农业科学(6): 65–67.

曾幼玲，蔡忠贞，马纪，等，2006. 盐分和水分胁迫对两种盐生植物盐爪和盐穗木种子萌发的影响[J]. 生态学杂志，25(9): 101–101.

张福锁，王激清，张卫峰，等，2008. 中国主要粮食作物肥料利用率现状与提高途径[J]. 土壤学报，45(5): 915–924.

张红，吕家珑，曹莹菲，等，2014. 不同植物秸秆腐解特性与土壤微生物功能多样性研究[J]. 土壤学报，51(4): 743–752.

张洪程，2009. 直播稻种植科学问题研究[M]. 北京：中国农业科学技术出版社.

张唤，黄立华，李洋洋，等，2016. 东北苏打盐碱地种稻研究与实践[J]. 土壤与作物，5(3): 191–197.

张经廷，张丽华，吕丽华，等，2018. 还田作物秸秆腐解及其养分释放特征概述[J]. 核农学报，32(11): 2274–2280.

张丽萍，刘增文，高祥斌，等，2006. 不同森林凋落叶混合分解试验研究[J]. 西北林学院学报，21(2): 57–60.

张素瑜，杨习文，李向东，等，2019. 土壤水分对玉米秸秆还田腐解率、土壤肥力及小麦籽粒蛋白质产量的影响[J]. 麦类作物学报，39(2): 186–193.

张涛，黄秀华，贾军，2008. 江淮地区直播稻生产现状及高产栽培措施[J]. 农业科技通讯(4): 91–93.

张万钧，王斗天，范海，等，2001. 盐生植物种子萌发的特点及其生理基础[J]. 应用与环境生物学报，7(2): 117–12.

张晓文，赵改宾，杨仁全，等，2006. 农作物秸秆在循环经济中的综合利用[J]. 农业工程学报，22(S1): 107–109.

张智猛，万书波，戴良香，等，2011. 花生抗旱性鉴定指标的筛选与评价[J]. 植物生态学报，35(1): 100–109.

张祖建，谢成林，谢仁康，等，2011. 苏中地区直播水稻的群体生产力及氮肥运筹的效应[J]. 作物学报，37(4): 677–685.

章禄标，潘晓飚，张建，等，2012. 全生育期耐盐恢复系在正常灌溉条件下性状表现及耐盐杂交稻的选育[J]. 作物学报，38(10)：1782–1790.

赵森，于江辉，周浩，等，2013. 应用灰色关联度分析法综合评价引进的爪哇稻资源[J]. 农业现代化研究(3)：358–361.

周凤明，王子明，吕宏飞，等，2008. 浸种催芽和播种深度对麦后旱直播稻田间成苗率的影响[J]. 江苏农业科学(1)：38–39.

朱江艳，陈林，银永安，等，2015. 不同种子处理和播种深度对膜下滴灌水稻出苗及产量的影响[J]. 大麦与谷类科学(3)：19–22.

朱兆良，金继运，2013. 保障我国粮食安全的肥料问题[J]. 植物营养与肥料学报，19(2)：259–273.

邹应斌，2004. 亚洲直播稻栽培的研究与应用[J]. 作物研究，18(3)：133–136.

AL–KARAKI G N, 2001. Germination, sodium, and Potassium coneentration of barley seeds as influeneed by salinity [J]. Journal of Plant Nutrition, 24: 511–22.

BAUMANN K, MARSCHNER P, SMERNIK R J, et al., 2009. Residue chemistry and microbial community structure during decomposition of eucalypt, wheat and vetch residues [J]. Soil Biology and Biochemistry, 41(9): 1966–1975.

BRUCE T J A, MATTHES M C, NAPIER J A, et al., 2007. Stressful “memories” of plants: evidence and possible mechanisms [J]. Plant Science, 173(6): 603–608.

CARVALHO A M, BUSTAMANTE M M C, ALCÂNTARA F A, et al., 2009. Characterization by solid–state CPMAS ^{13}C NMR spectroscopy of decomposing plant residues in conventional and no–tillage systems in Central Brazil [J]. Soil and Tillage Research, 102(1): 144–150.

CONRATH U, BECKERS G J M, FLORS V, et al., 2006. Priming: getting ready for battle [J]. Molecular Plant–microbe Interactions, 19(10): 1062–1071.

DEMIRAL T, TÜRKAN I, 2005. Comparative lipid peroxidation, antioxidant defense systems and proline content in roots of two rice cultivars differing in salt tolerance[J]. Environmental and Experimental Botany, 53(3): 247–257.

FENG X J, LI J R, QI S L, et al., 2016.Light affects salt stress–induced transcriptional memory of *P5CS1* in *Arabidopsis* [J]. PNAS, 7: 501.

GARCIA J A, GALLEGO M C, SERRANO A, et al., 2007. Trends in block–seasonal extreme rainfall over the Iberian Peninsula in the seeond half of the twentieth century

[J]. Journal of Climate, 20 (1): 113–130.

GOLLDACK D, LÜKING I, YANG O, 2011. Plant tolerance to drought and salinity: stress regulating transcription factors and their functional significance in the cellular transcriptional network [J]. Plant Cell Reports, 30 (8): 1383–1391.

HORIE T, KARAHARA I, KATSUHARA M, 2012. Salinity tolerance mechanisms in glycophytes: An overview with the central focus on rice plants [J]. Rice, 5 (1): 11.

KHATUN S, FLOWERS T J, 1995. Effects of salinity on seed set in rice [J]. Plant, Cell and Environment, 18 (1): 61–67.

LAL R, 2005. World crop residues production and implications of its use as a biofuel [J]. Environment International, 31 (4): 575–584.

LI H, HUANG G, MENG Q, et al., 2011. Integrated soil and plant phosphorus management for crop and environment in China: a review [J]. Plant and Soil, 348: 157–167.

LIN H X, ZHU M Z, YANO M, et al., 2004. QTLs for Na^+ and K^+ uptake of the shoots and roots controlling rice salt tolerance [J]. Theoretical and Applied Genetics, 108 (2): 253–260.

LIU M, LIANG Z W, MA H Y, et al., 2010. Application of sheep manure in saline–sodic soils of Northeast China 1–effect on rice (*Oryza sativa* L.) yield and yield components [J]. Journal of Food, Agriculture & Environment, 8 (3/4): 524–529.

LV B S, LI X W, MA H Y, et al., 2014.Different modes of proline accumulation in response to saline–alkaline stress factors in rice (*Oryza sativa* L.) [J]. Research on Crops, 15 (1): 14–21.

LV B S, LI X W, MA H Y, et al, 2013. Differences in growth and physiology of rice in response to different saline–alkaline stress factors [J]. Agronomy Journal, 105: 1119–1128.

MATEO–SAGASTA J, BURKE J, 2010. Agriculture and water quality interactions: a global overview [C]. FAO: 11–14.

MOLINIER J, RIES G, ZIPFEL C, et al., 2006. Transgeneration memory of stress in plants [J]. Nature, 442: 1046–1049.

MORADI F, ISMAIL A M, 2007.Responses of photosynthesis, chlorophyll fluorescence and ROS–scavenging systems to salt stress during seedling and reproductive stages in rice[J]. Annals of Botany, 99(6): 1161–1173.

OLSON J S, 1963. Energy storage and the balance of producers and decomposition in ecological systems [J]. Ecology, 44: 322–331.

PANDEY S, VELASCO L, 1999. Economics of direct seeding in Asia: pattems of adoption and research priorities [J]. International Rice Research Notes, 24(2): 6–11.

PARDO J M, 2010. Biotechnology of water and salinity stress tolerance [J]. Current Opinion in Biotechnology, 21(2): 185–196.

PRESTON C M, BHATTI J S, FLANAGAN L B, et al., 2006. Stocks, chemistry, and sensitivity to climate change of dead organic matter along the Canadian boreal forest transect case study [J]. Climatic Change, 74(1): 223–251.

SASAL M C, ANDRIULO A E, TABOADA M A, 2006. Soil porosity characteristics and water movement under zero tillage in silty soils in Argentinian Pampas [J]. Soil and Tillage Research, 87(1): 9–18.

THITISAKAAKUL M, TANANUWONG K, SHOEMAKER C F, et al., 2015. Effects of timing and severity of salinity stress on rice(*Oryza sativa* L.) yield, grain composition, and starch functionality [J]. Journal of Agricultural and Food Chemistry, 63(8): 2296–2304

TURLEY D B, PHILLIPS M C, JOHNSON P, et al., 2003.Long-term straw management effects on yields of sequential wheat(*Triticum aestivum* L.) crops in clay and silty clay loam soils in England [J]. Soil and Tillage Research, 71: 59–69.

VAIDYANATHAN H, SIVAKUMAR P, CHAKRABARTY R, et al., 2003. Scavenging of reactive oxygen species in NaCl-stressed rice(*Oryza sativa* L.) -differential response in salt-tolerant and sensitive varieties [J]. Plant Science, 165(6): 1411–1418.

VAN ASTEN P J A, VAN' T ZELFDE J A, VAN DER ZEE S E A T M, et al. , 2004.The effect of irrigated rice cropping on the alkalinity of two alkaline rice soils in the Sahel [J]. Geoderma, 119(3/4): 233–247.

WANG H, WU Z, CHEN Y, et al., 2011. Effects of salt and alkali stresses on growth and ion balance in rice(*Oryza sativa* L.)[J]. Plant Soil And Environment, 57(6): 286–294.

WANG Y R, YU L N, LIU Y L, 2004. Vigor tests used to rank seed lot quality and predict field emergence in four forage species [J]. Crop Science, 44 (2): 535–541.

WETTERSTEDT J M, PERSSON T, AAGREN G, 2010. Temperature sensitivity and substrate quality in soil organic matter decomposition: results of an incubation study with three substrates [J]. Global Change Biology, 16 (6): 1806–1819.

WIEDER W R, CLEVELAND C C, TOWNSEND A R, 2009. Controls over leaf litter decomposition in wet tropical forests [J]. Ecology, 90 (12): 3333–3341.

YOKOI S J, BRESSAN R A, HASEGAWA P M, 2002. Salt stress tolerance of plants [R]. JIRCAS Working Report: 25–33.

YOU J, HU H H, XIONG L Z, 2012. An ornithine delta–aminotransferase gene OsOAT confers drought and oxidative stress tolerance in rice [J]. Plant Science, 197: 59–69.

YU J B, WANG Z C, MEIXNER F X, et al., 2010.Biogeochemical characterizations and reclamation strategies of saline sodic soil in Northeastern China [J]. Clean–Soil Air Water, 38 (11): 1010–1016.

ZHU B S J, CHANG M C, VERMA D P S, et al., 1998.Overexpression of a pyrroline–5–carboxylate synthetase gene and analysis of tolerance to water and salt stress in transgenic rice [J]. Plant Science, 139: 41–48.